趣味科学大联盟

超有趣的
让人睡不着的数学

2

[日] 樱井进（桜井 進）◎著

赵海涛◎译

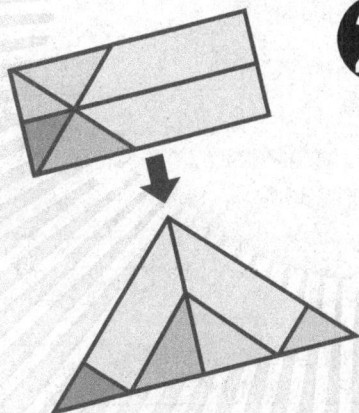

人民邮电出版社

北 京

图书在版编目（ＣＩＰ）数据

超有趣的让人睡不着的数学. 2 / （日）櫻井进著 ；
赵海涛译. -- 北京 ：人民邮电出版社，2016.3（2023.10重印）
（趣味科学大联盟）
ISBN 978-7-115-41510-3

Ⅰ. ①超… Ⅱ. ①櫻… ②赵… Ⅲ. ①数学－普及读
物 Ⅳ. ①O1-49

中国版本图书馆CIP数据核字(2016)第012015号

版 权 声 明

◆ 著　　　　[日] 櫻井进（桜井 進）
　　译　　　　赵海涛
　　责任编辑　韦　毅
　　责任印制　彭志环
◆ 人民邮电出版社出版发行　　北京市丰台区成寿寺路 11 号
　　邮编　100164　电子邮件　315@ptpress.com.cn
　　网址　http://www.ptpress.com.cn
　　北京虎彩文化传播有限公司印刷
◆ 开本：880×1230　1/32
　　印张：5.375　　　　　　　2016 年 3 月第 1 版
　　字数：99 千字　　　　　　2023 年 10月北京第 33 次印刷
　　著作权合同登记号　图字：01-2014-7509 号

定价：29.00 元

读者服务热线：(010)81055410　印装质量热线：(010)81055316
反盗版热线：(010)81055315

广告经营许可证：京东市监广登字 20170147 号

内 容 提 要

关于数学，还有很多在教科书里的公式和特定的计算步骤之外的故事。本书着眼于生活中隐藏着的无所不在的数学知识，从有关闰秒的话题到同班同学生日相同的概率，从手机触摸屏的"坐标"定位到七巧板的拼图，从数学家的金玉良言到他们的研究趣事，探寻数学世界的神秘与惊喜！

本书作者是日本畅销书作者樱井进，他带着我们一同踏上寻找数字和图形奥秘的旅程，聆听让人陶醉的数学趣话。只要你有一颗认真看待数学的心，你就会听到世界上最美、最有趣的数学故事，看到过去的美好历史，还能找到别人尚未发现的风景！

前　言

请大家先看一下本书封面上的插图，通过剪裁拼接，将长方形制作成等腰直角三角形。这幅插图是根据日本江户时代（1600—1867）《勘者御伽双纸》（1791）一书记载的题目绘制的。这道数学题目叫作"图形学剪裁法"。

这里的"剪裁"顾名思义就是用剪刀剪开后再次拼接，如将纸张或布块按照某种尺寸进行剪裁。这种方法广泛运用于服装设计中根据设计图纸剪裁布料的情况。

剪裁拼接法在日本江户时代大行其道，非常有人气。日本的算术书《改算记》和《和国智慧校》中也记载了各种相关的问题。

剪裁拼接法最常见于如何将长方形剪裁拼接为正方形这样的问题。对于这个问题，拼接出来的正方形杂乱无章，方法也是林林总总，这是被称作"清少纳言智慧板"的剪裁悖论。对此问题，本书正文中专门述及。

得益于以上难度极高的数学难解之谜，日本人从孩提时期就可以轻松愉快地进入数字计算的世界。再进一步讲，这种传统和日本江户时代涌现出不计其数的优秀数学家有着密切关联。

数学教科书就非常典型，尤其是数学专业书籍，展现在读者面前的是极度抽象的数学风景。而要对此有所领悟，自然就要求读者具备独特的数学想象力。这样对于初入数学之门的学习者而言，数学就成了单调、毫无情趣的一道风景。不管最后学习到什么程度，映现出的都是黑白两色构筑的世界。

但是，一旦学习者自身具备了想象力，那他们脑海中的景色就蔚为大观了。在他们的头脑中，数字和形状明晰生动，因此，他们对数学的学习会变得异常主动，接下来就是一个个洋溢着跳跃感的学习故事了。与数学的魅力邂逅的学习者们一瞬间神志清醒，发现全新的自己竟移情别恋于这个叫作"数学"的主人公了。

本书是一本帮助读者找到数学学习的进阶之门的书。

比如启动智能手机的数学计算。

比如潜藏在钢琴调音背后的数字。

比如与超级计算机"京"（京，日本计数词头，兆的1万倍，即10的16次方）具有相同数量级的词头。

还有发现同班同学生日相同的概率的方法，以及对我们周围的数字和图形的介绍。

所有这一切中最关键的是，本书将聚焦于那些探究数学奥妙的人们。我们将从这些由人类活动与数学交织而引发的故事中体会数学的趣味之所在。

读完本书后，读者朋友们一定会发现自己的内心已经发生了悄然的变化。那正是本书想要告诉您的——我们身处被数字和图形环绕的世界。冥冥中，我们似乎可以听到，那些数字和图形在内心深处正与我们悄悄地说着话。

计算好比旅行。

在等号的轨道上，算式的列车奔驰向前。

接下来，让我们一同开启一段与未知的数字和图形秘密邂逅的旅程吧！

目 录

第一部分

学了不犯困的超有趣数学

一天1闰秒——有关闰秒的话题

从偏差开始的数学

对于1年的时间问题，我们通常是按照"地球绕太阳转1周的时间"为1年来定义的。但是，这里还有一个偏差的问题。

1年并不是刚好365天，而是365.2422天。为了调整365后面的小数0.2422，引入了"闰日"的说法。

同样的道理，1秒的时间是按照"地球自转1周的时间"来确定的。因此，最早的关于1秒的定义是"地球自转时间的1/86400"。

在我们的这个时代，由于人类发明了最为准确的原子钟，1秒就按照原子钟的走动进行了新的定义。

于是乎，1秒的定义就是"铯-133原子基态的两个超精细能级之间跃迁相对应辐射的9192631770个周期所持续的时间"。这种使用铯-133而制造的原子钟，其精度可以达到每100万年只有1秒的误差，十分精准。

多亏了原子钟，人类可以在更为精确地测试准确时间的同时，知道地球的自转速度也是具有不稳定性的。这说明地球也并不是按照恒定的速度自转的。

太阳以及月亮的引力，海流和大气的循环，以及地球内部地核等部分的运动都会影响这一速度，因此地球每次自转的速度并不是亘古不变的。

至此，我们还会明白，地震也会成为影响地球自转速度的重要因素。

地球的自转正被监测

就这样，地球上存在着两个时间刻度，即根据地球自转速度测算的世界时和根据原子钟测算的国际原子时。

因此，世界时与国际原子时之间就产生了时间偏差。为了说明这个时间偏差，"闰秒"应运而生。

观测地球自转的国际机构是国际地球自转标准服务组织（International Earth Rotation Service，IERS）。IERS 专门从事监测地球自转时间的工作，在世界时与国际原子时产生时间偏差的情况下，做出了插入闰秒的决定。根据 IERS 的指示，全世界在同一时间进行闰秒的调整。

◆ 两个时间刻度

国际原子时

由于计算标准不一样，就产生了偏差

世界时

标准：原子钟计时

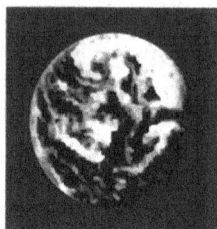

标准：地球自转

　　闰秒只是对国际原子时进行 1 秒的调整。迄今为止，已经进行了 24 次闰秒的追加行为，每次调整 1 秒的时间。通常情况下，在当天 23 时 59 分 59 秒之后，时间瞬时变为 0 时 0 分 0 秒。但是在实施闰秒的情况下，时间瞬时变为 23 时 59 分 60 秒，这一秒结束后时间才变为 0 时 0 分 0 秒。

◆ 2012 年 6 月 30 日至 7 月 1 日随着日期变更的闰秒

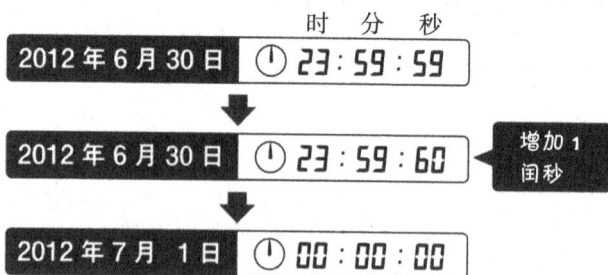

时　分　秒

2012 年 6 月 30 日 🕐 23：59：59

2012 年 6 月 30 日 🕐 23：59：60　增加 1 闰秒

2012 年 7 月 1 日 🕐 00：00：00

　　无论是闰年还是闰秒，都是在对天体运动正确测量和对时间的准确计算后得到的科学结果。

2012 年就有一次闰年的出现。6 月 30 日至 7 月 1 日的日期变化的瞬间，人类历史上的第 25 次闰秒被实施了。

由于日本与 IERS 机构有 9 小时的时差，因此日本在 7 月 1 日上午的 8 时 59 分 59 秒，实施了时间中对闰秒的插入。

时间是我们人类生活的基本。1 年、1 日、1 秒，这些数字对我们产生了何等重要的作用，我们每个人都是十分清楚的。

同班同学生日相同的概率

何为概率？

开学的时候因为重新分班，我们周遭都被陌生的面孔包围，不管是谁遇到了这阵势，一定都会感到紧张吧？

在与新同学磕磕巴巴的对话中，要找到新话题的切入口，比如可以确认一下大家的出生日期是不是一样。如今想来都很怀念当时的时光呢！当然了，如果有哪位同学和你的生日是同一天，估计你们两个人都会马上想到"这么难发生的事情居然真的发生了"，并为之感到惊讶不已。

对随机事件发生可能性的大小我们通常用"概率"来表示。事情经常发生我们称之为概率高，反之不太容易发生则称之为概率低。

一定会发生的为全概率（100%），绝对不会发生的为零概率。如果某天要下雨的概率为80%的话，那么很多人出门时绝对会带着雨伞。当然也有可能只有30%的人出门前还在寻思是不是要带着雨伞出行呢。

计算生日相同的概率

首先，我们要确定一年只有365天，不管你是出生在哪一天，都会在365天的其中一天里，这是不会有任何差池的。

接下来我们计算一下同班同学生日相同的概率吧。

首先要计算一下同班同学生日都不同的概率。

◆ 确认班里至少有 2 个同学生日相同的概率的方法

班里至少有 2 个同学生
日相同的概率

＝

$1-$ 全班同学生日都
不同的概率

我 3 月
14 日生
日!

我也是
啊!!

任何的两个人中，第 2 个人与第 1 个人生日不同的概率是 365 中的 364（364：365）。第 3 个人与前 2 个人生日不同的概率是 365 中的 363（363：365）

这样一来，假设一个班有 23 个同学，最后一个同学即第 23 个同学与之前的 22 个同学生日不同的概率是 365 中的 343（343：365）。

那么，我们可以得出全班同学生日都不同的概率是：

$(364/365) \times (363/365) \times \cdots \times (343/365) = 0.4927 \cdots$

◆ **全班同学生日都不同的概率是多少？**

$$\boxed{\begin{array}{c}\text{第 2 个同学与第 1 个}\\\text{同学生日不同的概率}\end{array}} = \frac{364}{365}$$

$$\frac{1}{365}\text{降低了}$$

$$\boxed{\begin{array}{c}\text{第 3 个同学与前 2 个}\\\text{同学生日不同的概率}\end{array}} = \frac{363}{365}$$

$$\frac{22}{365}\text{降低了}$$

$$\boxed{\begin{array}{c}\text{第 23 个同学与前 22 个}\\\text{同学生日不同的概率}\end{array}} = \frac{343}{365}$$

$$\boxed{\begin{array}{c}\text{全班同学生日都}\\\text{不同的概率}\end{array}} = \frac{364}{365} \times \frac{363}{365} \times \cdots \times \frac{343}{365} = 0.4927\cdots$$

　　将这个问题反过来考虑，我们就很容易得出这个班里最少两个同学生日相同的概率为：

　　$1 - 0.4927 = 0.5073$

　　再进一步推算，如果整个年级有 4 个班，每个班 23 人，那么其可能性就变为原来的 5 倍，即意味着每两个班就有两个同学生日相同。

◆ **班里最少两个同学生日相同的概率是多少？**

$$\boxed{1 - 0.4927 = 0.5073}$$

50.7% 说明每两个班就有两个同学生日相同哟！

因此可知，随着班里人数的增加，班里最少有两个同学生日相同的概率就会增加。

读者到这里有可能会问，这实际上到底要高到何种程度呢？我们一起计算一下看看。

一个班超过35人的情况下，这种概率超过80%。因此我们说在一个班里出现两个生日相同的同学，并不是什么值得大惊小怪的事情。

假设一个班有57个同学，那这种可能性就高达99%。

◆班里最少2个同学生日相同的概率

班里人数（人）	25	28	30	33	35	38	40	57
概率	57%	65%	71%	77%	81%	86%	89%	99%

伴随着班里人数的增加，概率在不断地攀升哟！

数学中的高概率

在我还是个孩子的时候，一听说班里谁和谁是同一天生日的事情，不由自主地就会觉得有一种不可言状的神秘感。

◆班里的人数如果增长的话……

*35 人的情况下

| 全班同学生日都不同的概率 | $= \frac{364}{365} \times \frac{363}{365} \times \cdots \times \frac{331}{365} = 0.1856\cdots$ |

| 班里最少 2 个同学生日相同的概率 | $= 1 - 0.1856 = 0.8144$ |

大约 81.4% 哟！

*57 人的情况下

| 全班同学生日都不同的概率 | $= \frac{364}{365} \times \frac{363}{365} \times \cdots \times \frac{309}{365} = 0.0099\cdots$ |

| 班里最少 2 个同学生日相同的概率 | $= 1 - 0.0099 = 0.9901$ |

大约 99% 哟！

但是，从数学的视角来看，有这么高的概率，一切就会那么轻而易举地发生。如今再回想自己当时天真无邪的童年，除了几分怀念之外，估计各位肯定都会禁不住笑出声来。

生日相同，虽然感受到命运的奇特，但是也不是什么稀奇的事情……

超级计算机 "京"

速度曾达世界第一的超级计算机

2012 年 6 月、11 月，日本超级计算机 "京" 连续两次在世界级别的计算速度比赛中排名第一。这是自 2004 年以来，日本的超级计算机计算速度再度荣膺世界第一。

日本超级计算机 "京" 有着每秒 1 京（日本计数词头，即 1 兆的 1 万倍）次的令世人瞩目的演算能力。

接下来我就日常生活中常见到的计算机的单位词头稍作介绍。

兆、吉、太，还有……

我们日常生活中的数码相机和智能手机等都有存储容量。在 20 世纪 90 年代后半期，1 吉字节的计算机硬盘（HD）价格大概为 10 万日元。

时间到了 10 多年后的今日，现在 1 太字节的硬盘的销售价格已经降到了 1 万日元以下的程度。这都多亏了科学技术的进步。

计算机硬盘的价格是最浅显易懂的例子。

◆ SI 词头一览

SI 词头			英文
尧[它](Yotta1)Y	10^{24}	1000000000000000000000000	Septillion
泽[它](Zetta)Z	10^{21}	1000000000000000000000	Sextillion
艾[可萨](Exa)E	10^{18}	1000000000000000000	Quintillion
拍[它](Peta)P	10^{15}	1000000000000000	Quadrillion
太[拉](Tera)T	10^{12}	1000000000000	Trillion
吉[咖](Giga)G	10^{9}	1000000000	Billion
兆（Mega）M	10^{6}	1000000	Million
千（Kilo）k	10^{3}	1000	Thousand
	10^{0}	1	One

通常超过 1 万的数字，每增加到原来的 1 万倍就变成新的词头。比如：1 万、10 万、100 万、1000 万，然后接下来就是 1 亿。英语的情况下则是从 1000 开始每变化到原来的 1000 倍（10^3）词头发生变化一次，例如从 1 千到 1 兆，从 1 兆到 1 吉咖，再从 1 吉咖到 1 太拉。这些在上表中都进行了标识。

这里的千、兆、吉咖和太拉都是 SI 词头。SI 是国际通用的单位制符号的缩写，来自法文的 le Système international d'unités。

另外，在英国和美国有一种叫作"短尺度"（short scale）的单位制。SI 词头最大到尧它（Septillion），但是短尺度中还有比它更大的。

参见下表，其中，Duovigintillion（10^{69}）超过了 1 无量大数（10^{68}）。

◆其他单位制：英语中的单位制——短尺度

Thousand	10^3	Unviginticentillion	10^{366}
Million	10^6	Trigintacentillion	10^{393}
Billion	10^9	Quadragintacentillion	10^{423}
Trillion	10^{12}	Quinquagintacentillion	10^{453}
Quadrillion	10^{15}	Sexagintacentillion	10^{483}
Quintillion	10^{18}	Septuagintacentillion	10^{513}
Sextillion	10^{21}	Octogintacentillion	10^{543}
Septillion	10^{24}	Nonagintacentillion	10^{573}
Octillion	10^{27}	Ducentillion	10^{603}
Nonillion	10^{30}	Trecentillion	10^{903}
Decillion	10^{33}	Quadringentillion	10^{1203}
Undecillion	10^{36}	Quingentillion	10^{1503}
Duodecillion	10^{39}	Sescentillion	10^{1803}
Tredecillion	10^{42}	Septingentillion	10^{2103}
Quattuordecillion	10^{45}	Octingentillion	10^{2403}
Quindecillion	10^{48}	Nongentillion	10^{2703}
Sexdecillion	10^{51}	Millinillion	10^{3003}
Septendecillion	10^{54}		
Octodecillion	10^{57}		
Novemdecillion	10^{60}		
Vigintillion	10^{63}		
Unvigintillion	10^{66}		
Duovigintillion	10^{69}		

最后的 Millinillion 一词，是在数字"1"的后面加上 3003 个"0"后变成的巨大数字。在大乘佛教的经书《华严经》中曾出现一个计数词头（拙著《超有趣的让人睡不着的数学》一书中探讨了为何使用"亿"作为词头，请酌情参照），相形之下，Millinillion 这个词代表的数可就小得多了。

Millinillion 这个词代表的数位于《华严经》中出现的"阿婆罗"（10^{1792}）和"多婆罗"（10^{3584}）之间。

千字节有两个吗？

接下来言归正传。吉咖到太拉之间有一个数量的递增，这意味着后者是前者的 1000 倍。比如说，从 1 吉咖米的长度到 1 太拉米的长度，后者为前者的 1000 倍。

然而，就硬盘的存储容量而言，这种进制却发生了改变。

计算机的信息量单位是比特（bit）。这里所谓的 1 比特有 0 和 1 两种，2 比特则有 00、01、10 和 11 共 4 种。1 字节为 8 比特。

◆硬盘的容量

千字节（KB）	2^{10}	1024 字节
兆字节（MB）	2^{20}	1048576 字节
吉咖字节（GB）	2^{30}	1073741824 字节
太拉字节（TB）	2^{40}	1099511627776 字节
拍它字节（PB）	2^{50}	1125899906842624 字节
艾可萨字节（EB）	2^{60}	1152921504606846976 字节
泽它字节（ZB）	2^{70}	1180591620717411303424 字节
尧它字节（YB）	2^{80}	1208925819614629174706176 字节

详细计算如下

1 千字节 = 1024 字节

1 兆字节 = 1024 千字节
= 1024 × 1024 字节
= 1048576 字节

1 吉咖字节 = 1024 兆字节
= 1024 × 1024 千字节
= 1073741824 字节

1 太拉字节 = 1024 吉咖字节
= 1024 × 1024 兆字节
= 1099511627776 字节

通常情况下，字节作为信息存储量和硬盘容量的单位使用。1千字节本来就等于1000字节，而通用惯例中为

2^{10}=1024 字节。由于 2^{10} 约等于 1000，于是就被这样使用了。这些情况在前文的两个表格中也能看到。

因此具体地说，硬盘的容量从 1 吉咖字节到 1 太拉字节的变化，准确地说后者为前者的 1024 倍。

在购买硬盘阅读说明书的时候一定要提前了解这个情况才好。

最近 10 年移动硬盘从当初的 1 吉咖字节到如今的 1 太拉字节，容量增加到原来的 1000 倍，价格则从 10 万日元到 1 万日元降到原来的 1/10。换言之，其性能价格比是原来的 1 万倍呢！

从太拉到拍它

时代终于发展到拍它阶段。我们当下的电子计算机早已超过昔日的超级计算机的处理速度。计算机的数据处理速度已经用 FLOPS（Floating Point Number Opertions Per Second）来表示，其浮动小数点演算在 1 秒内就可以完成，人们把这么快的计算速度叫作 "1FLOPS"。

举个例子，游戏机 PlayStation2（索尼家用型 128 位游戏主机）的计算速度就是 6 FLOPS。

20 世纪 70 年代的超级计算机 CARY-1，其计算速度为 1 兆 FLOPS。当然单从兆和吉咖的角度比较，PlayStation2 的计算速度是超级计算机 CARY-1 的 1000 倍，其问题处理速度得到了非常显著的提高。

除此之外，IBM 的超级计算机"深蓝"（Deep Blue）作为国际象棋专用的设备被开发出来。

"深蓝"1 秒可完成 12 亿次运算，而且还具备预测对战另一方思考内容的能力，是一部能量巨大的机器。

使用"深蓝"的设备，也可以评判棋手们的手指如何移动以记录有效分值。

发明之初，"深蓝"与当时的世界象棋冠军一决雌雄，结果战胜了当时国际象棋世界冠军卡斯帕罗夫。"深蓝"当时的计算速度为 11 吉 FLOPS。PlayStation2 的性能有多么好就可想而知了。

愈演愈烈的技术开发竞争不知何时早已超过了太拉 FLOPS，最终又突破了拍它 FLOPS 阶段。

最早达到 1 拍它 FLOPS 的，是美国能源部所属的国家核能安全管理委员会开发的超级计算机的 roadrunner，它被用于核武器的研究。

超级计算机的时代已经过去，取而代之的是其简称"计算机"，如今已经进入"拍它计算机"（拍它 FLOPS 超级计算机）时代。2010 年，日本自主设计的计算机——东京工业大学的 TSUBAME2.0 的处理速度已经达到 2.4 拍它 FLOPS。

2.4 拍它 FLOPS 用日本的计数词头来表示，即 2400 兆 FLOPS。

这一目标实现后，日本又朝着下一个目标——1 京 FLOPS 的计算机而努力了。目前已经完成的是 10 拍它 FLOPS

的计算机"京"。日本借此再度登上当时世界最快计算速度的巅峰（可惜好景不长，2012 年 6 月，"京"被美国的计算机"红杉"取代，"红杉"当时被誉为世界上计算速度最快的计算机）。

◆ **尧它以上级别的必要的 SI 词头**

	SI 词头
10^{28}	
10^{27}	
10^{26}	
10^{25}	
10^{24}	尧它
10^{23}	
10^{22}	
10^{21}	
10^{20}	
10^{19}	
10^{18}	泽它
10^{17}	
10^{16}	10 拍它
10^{15}	拍它
10^{14}	
10^{13}	
10^{12}	太拉
10^{11}	
10^{10}	
10^{9}	吉咖
10^{8}	

尧它计算机 vs. 秩速计算机

"京"被研发出来后，美国立刻着手研发出了计算速度达到"京"100倍的1艾可萨FLOPS的计算机。

于是乎，日本接下来就要逐步升级，以达到美国100倍的1泽它FLOPS计算机为自己的研发目标了。

或许未可知有一次大的飞跃，日本甚至会突然研发出超过1泽它、达到1尧它的计算机。如果真的生产出1尧它的计算机，那就可以与美国的计算机一决雌雄了。

当然了，达到尧它以上的数量级后，如果现用的SI词头已经无法表述，我们也可以创造出全新的SI词头。

但是这一点对于日本而言毫无大碍。因为即使没有SI词头，日语中也有很多表示数量级的词语可供使用。

日本也在使用兆（Mega）和吉（Giga）这些英语词汇，但是自计算机"京"问世以来，就开始在全世界范围内用日语来表示计算机运算速度的数值了。

一朝成名天下知，日本的都市东京和京都中也正好包含着"京"字，而这个"京"字如今已经在科学和数学的世界中获得广泛的认可。

计算机也在不断进化着呢！

尧它

泽它

艾可萨

到现在活了多少秒的时间呢？

用秒数来衡量年龄

"你多少岁了？"

被这么问及的时候，估计没有人用"秒"作单位来回答吧。

毋庸置疑，绝大多数人都会回答道："我今年××岁了。"
因为这么回答十分易懂，如果有人用秒数来回答，估计你会
愣住吧！

我们任何人每天都是一秒一秒地走过自己的人生的。我
们也可以开动一下脑筋，想想到现在自己已经活了多少秒呀！

一天 24 小时，每小时 60 分钟，每分钟 60 秒，那么一天
的秒数就是：

24（小时）×60（分）×60（秒）=86400（秒）

那么一年是 365 天，因此可以换算为如下式子：

86400（秒 / 天）×365（天）=31536000（秒）

通过以上计算，我们就可以以秒为单位得出自己活了多
长时间的结论。当然了，正确的计算还应该考虑到闰年和
一个月是 31 天还是 30 天等各种因素。在这里，为了论述方便，
只是简略地说一年为 365 天和一个月为 30 天。

1 亿秒是多少岁?

先举个例子吧。3 岁大的孩子活了多少秒呢?

计算如下:

31536000(秒/年)× 3(年)=94608000(秒)

以上数据约等于 1 亿秒。在我们还是孩子的时候,每次去洗澡数上 10 秒都觉得时间是那么漫长。与此相对,1 亿秒则更是让人觉得长不可及的时间存在。而如今,只不过 3 岁的幼儿,用秒数来衡量他的人生就如此让人惊讶!

那么,正好是 1 亿秒的时间究竟是什么时间呢?

计算如下:

1 亿(秒)÷ 86400(秒/天)=1157.4…(天)

第 1157.4 天到第 1158 天的日期变动的那一刻正好是幼儿的人生超过第 1 亿秒的时刻。

1157 天还可以继续演算:

1157(天)=365(天)× 3(年)+30(天)× 2(个月)+2(天)

由以上可知,大约在幼儿 3 岁 2 个月零 2 天大的时候他的人生经过了 1 亿秒。如果我们为自己的小孩子,在他 1 亿秒大的时候开一个出生纪念日主题晚会,那一定会十分别开生面吧。

学了不犯困的超有趣数学

◆ 1 亿秒在什么时间？

第 1157 天到第 1158 天正好是 1 亿秒的时刻！

$$100000000 (秒) \div 86400 (秒／天) = 1157.4\cdots (天)$$

⬇

$$1157 (天) = 365 (天) \times 3 (年) + 30 (天) \times 2 (个月) + 2 (天)$$

用秒数变换各种年龄

按照以上方式进行计算，孩子在小学毕业时的 12 年时间里，人生已经度过了 378432000 秒，到 20 岁时则度过了 630720000 秒。

到 60 岁退休的时候，人类则存活了 1892160000 秒；77 岁喜寿的时候存活了 2428272000 秒；100 岁的时候存活了 3153600000 秒。这些数字无一例外都是十分庞大的数字。

◆ 人生的节点都是多少秒？

小学毕业的时候（12 岁）	$31536000 (秒／年) \times 12 (年) =$ $378432000 (秒)$
20 岁的时候	$31536000 (秒／年) \times 20 (年) =$ $630720000 (秒)$
退休（60 岁）的时候	$31536000 (秒／年) \times 60 (年) =$ $1892160000 (秒)$
喜寿（77 岁）的时候	$31536000 (秒／年) \times 77 (年) =$ $2428272000 (秒)$
100 岁的时候	$31536000 (秒／年) \times 100 (年) =$ $3153600000 (秒)$

◆ 整数秒会出现在人生中的什么时间？

10 亿秒是什么时间？

1000000000（秒）÷ 86400（秒／天）= 11574.07…（天）

⬇

11574（天）= 365（天）× 31（年）+ 30（天）× 8（个月）+ 19（天）

31 岁 8 个月零 19 天

20 亿秒是什么时间？

2000000000（秒）÷ 86400（秒／天）= 23148.14…（天）

⬇

23148（天）= 365（天）× 63（年）+ 30（天）× 5（个月）+ 3（天）

63 岁 5 个月零 3 天

30 亿秒是什么时间？

3000000000（秒）÷ 86400（秒／天）= 34722.22…（天）

⬇

34722（天）= 365（天）× 95（年）+ 30（天）× 1（个月）+ 17（天）

95 岁 1 个月零 17 天

因此，以 10 亿秒为基数计算可知，10 亿秒存活了 31 岁 8 个月零 19 天，20 亿秒则是存活 63 岁 5 个月零 3 天，30 亿秒则是 95 岁 1 个月零 17 天。

请各位也计算一下自己迄今活了多少秒。虽然都是平淡无奇的时刻，我们是不是也可以在"× 亿秒"的时候搞一个纪念日活动呢？

通过本书可知，同样长度的时间，我们选择用年来表示，还是选择用秒数来计算，给大家的感觉可是一点都不一样！

请各位珍惜生活着的每一秒吧！

◆ **年龄与秒数的一览表**

年龄	存活秒数	
1 岁	31536000	
3 岁	94608000	突破1亿秒
3 岁 2 个月零 2 天	100000000	
10 岁	315360000	
12 岁	378432000	
20 岁	630720000	
30 岁	946080000	突破10亿秒
31 岁 8 个月零 19 天	1000000000	
40 岁	1261440000	
50 岁	1576800000	
60 岁（退休）	1892160000	突破20亿秒
63 岁 5 个月零 3 天	2000000000	
70 岁	2207520000	
77 岁（喜寿）	2428272000	
80 岁	2522880000	
88 岁（米寿）	2775168000	
90 岁	2838240000	突破30亿秒
95 岁 1 个月零 17 天	3000000000	
100 岁	3153600000	
110 岁	3468960000	
120 岁	3784320000	

突破了○○秒，恭喜！

镜像般的回文数

倒着读还是同一个数

无论从前往后读还是从后往前读，文字相同，我们将这种形式的文字叫作回文。同理可推，类似 "1、2、3、2、1" 这样的数字排列，无论从前往后读还是从后往前读都是相同的数字，我们将其称为回文数。

我们列出一组数字做一个调查："0、1、2、3、4、5、6、7、8、9" 共 10 个数。这 10 个数字无疑都可以出现回文数。例如 "0" 不管怎么读都是 "0"，不会发生任何改变。

接下来，我们从两位数中调查哪些可以成为回文数。于是发现了如下 9 个数字：

11、22、33、44、55、66、77、88、99

三位数的情况就很多了，可以列举的如：

101、111、121、131、141、151、161、171、181、191、202、212、222、232、242、252、262、272、282、292、… 909、919、929、939、949、959、969、979、989、999

$100 \sim 199$ 中有 10 个回文数，$200 \sim 299$ 中有 10 个……就这样，每增加 100 个数字就有 10 个回文数。$100 \sim 999$ 中共有 90（10×9）个回文数。

学了不犯困的超有趣数学

接下来，我们继续统计一下回文数。

四位数中如同"1001、1111、1221、1331、1441、1551、1661、1771、1881、1991"这样的数，1000～1999中共有10个回文数。

四位数的回文数和三位数的回文数的情况是一样的。因此我们可以计算出，1000～9999共有90个回文数。

接下来，五位数的情况也会一样吗？带着这个问题，我们先来计算一下10000～20000的回文数字。当然了，一个一个来数的话工程过于浩大，还浪费精力。我们只需注意十位、百位和千位的数字。

首先，数一下10001～19991中的回文数。

◆ 五位数的回文数的个数有多少？

10001～19991 的回文数个数
　　= 000～999 的回文数个数

000、010、020、030、040、050、060、070、080、090（10个）
101、111、121、131、141、151、161、171、181、191（10个）
⋮
909、919、929、939、949、959、969、979、989、999（10个）
}100个
（10个×10）
}900个
（100个×9）

20002～29992 中的回文数个数——100 个
⋮
90009～99999 中的回文数个数——100 个

可以发现，000～090 中的回文数为"000、010、020、030、040、050、060、070、080、090"，共10个。

刚才也数过的，100～199 有10个回文数，200～299 有

10 个……到了 909～999 同样也是 10 个回文数。将这些回文数的个数相加，总共为 90 个。接下来与之前计算的结果相加，五位数的回文数为 100 个（90 个 +10 个）。

同样的道理，20002～29992、30003～39993、…90009～99999，每一组都是 100 个回文数。将这些放在一起计算，我们得到的总回文数的数目是 900 个（100 个 ×9）。

只要有数字存在，就会有回文数

回文数是数字存在的产物，只要有数字存在，就会有回文数存在。

我们回过头再去看本节列出来的回文数——浑然不觉中，我们仿佛走入了神奇的镜像世界，想想真是太不可思议了！

与"3"有关的故事——人类对"3"的求索记

日本和世界都崇尚"三大××"

日语中，我们经常可以看到用"三大"来描述事物，常见的句式为"日本三大××"。例如，景色最漂亮的日本三景指的是宫城县宫城郡松岛町的松岛、京都府宫津市的天桥立、广岛县廿日市的严岛（又称宫岛）。

除此之外，日本一年中的节日非常之多，具有代表性的有三大祭祀典礼，分别是京都的祇园祭、东京的神田祭和大阪的天神祭。

与此类似的还有如下的"世界三大××"。

世界三大河流分别是南美洲的亚马孙河、非洲的尼罗河和北美洲的密西西比河。

世界三大知名美术馆则分别是美国的大都会艺术博物馆、法国的巴黎卢浮宫和俄罗斯的艾尔米塔什博物馆。

世界三大美味是鲟鱼的鱼子酱、松茸蘑和鹅肝。

以"三大"的形式列举的情况不胜枚举。例如三权包括司法、立法和行政；光的三原色包括红、绿、蓝；"德川御三家"（御三家是日语的一个统称用语，用于统称一个领域中最著名的三者）包括纪伊（德川赖宣）、水户（德川赖房）、尾张（德川义直）；物质的3种形态包括固态、液态和气态，等等。

"两个嫌少，四个则觉得多，只有三个才觉得正好。"
如此看来，这种说法是很有见地的！

数学世界中的 "3"

在数学世界中，也经常有 3 个一组的情况。比如说点的
课题，将 3 个点分别用直线连接，就会出现一个三角形。如
果只有两个点，是无法完成这一切的。

平面的世界中能产生三角形。还有一类，就是将平面填
充为正多边形，例如可以做成正三角形、正方形和正六角形
3 类。

◆填充平面为正多边形的 3 个种类

  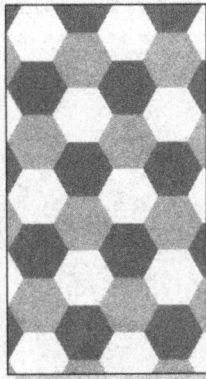

正三角形　　　　　正方形　　　　　正六角形

很早以前，数字中只有 1 和 2，超出 1 和 2 就是很多的数。
3（日语读作"san"）被认为是日语单词"很多"（日语读作"taku

san"）中的"多"（san）。

除此之外，还有其他3个一组的事物，我们再一起去看看。

一窥圆周率中的"3"

圆周率通常被认为是圆的周长与直径的比值，这与圆的大小无关，它的数值始终为3.14…，从未发生变化。为了探索圆周率的数值，整个世界持续进行了为期4000年的计算。迄今关于圆周率的计算仍然吸引了无数人的关注。

目前，人类已经将圆周率计算到小数点后面的第10兆位。

那么，对圆周率数值进行四舍五入取整数的计算则为3。我们这里姑且将圆周率约等于3，并用其解决问题吧。

> 问题：容积为500毫升的果汁易拉罐的罐体周长与罐体高度，哪个数值更大呢？

◆哪个数值更大呢？罐体周长 vs. 罐体高度

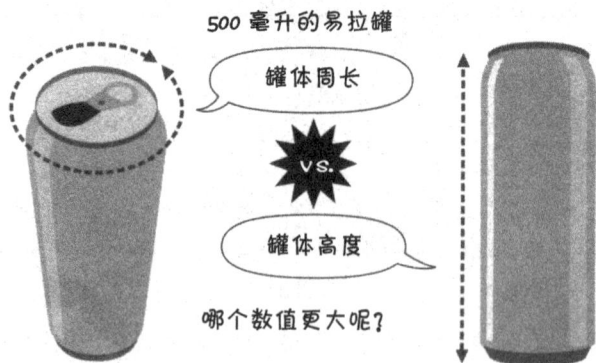

500毫升的易拉罐

罐体周长

vs.

罐体高度

哪个数值更大呢？

　　这个问题用圆规或者三角板直接对易拉罐的罐体周长与罐体高度进行测量的话，答案一目了然。但是，如果在这里我们不用圆规或者三角板进行测量，那该怎么计算呢？我给出的提示是圆周率为3。

　　如下图所示，将易拉罐并排放置，也能很快得到答案，一眼就可以看出罐体周长要比罐体高度长一些。

◆将易拉罐如此放置，答案一目了然

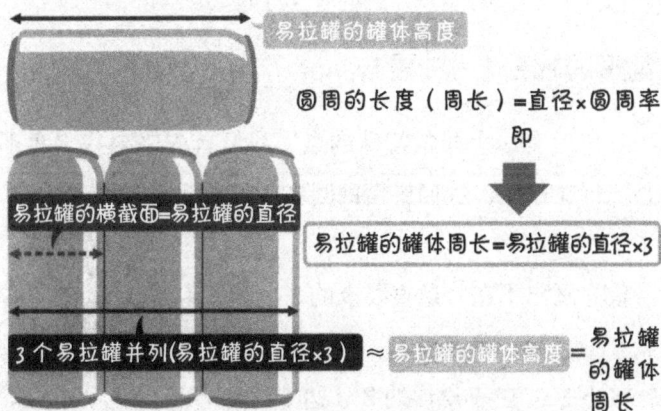

圆周的长度（周长）＝直径×圆周率

即

易拉罐的横截面＝易拉罐的直径

易拉罐的罐体周长＝易拉罐的直径×3

3个易拉罐并列（易拉罐的直径×3）≈易拉罐的罐体高度＝易拉罐的罐体周长

　　如果将3个易拉罐如图摆放，罐体周长正好是罐体直径的3倍。

　　到这里，我们不得不想到这样的关系：

　　圆周的长度（周长）＝直径 × 圆周率

　　因为圆周率约等于3，罐体周长就相当于易拉罐横截面直径的3倍。也就是说，易拉罐罐体周长与3个易拉罐横截面直径的 3 倍是相等的。在上页图中，我们将 3 个易拉罐紧挨着摆放，就可以看作一条完整的直线。

通过这种方法，我们就可以对易拉罐的罐体周长与罐体高度进行比较。最终结果在上页的图中已经进行了充分的说明。

到这里，读者您作何感想呢？将圆周率记作 3，就可以解决之前只能通过圆规和三角板解决的问题。

我至今仍觉得圆周率 3 很神奇呢！

三角形的秘密 I——重心

三角形有一个非常特殊的点。我们首先来寻找三角形的重心吧！在这里，我们要借助圆规和三角板来画图。

首先画出不在一条直线上的 3 个点（A、B、C）。将这 3 个点一一连接，我们得到一个三角形。

接下来，在三角形的 3 条边上寻找各自的 3 个中点。在这里，不使用圆规和三角板来测量也能找到正确的位置。

分别以三角形任何一条边线上的两个端点为中心，画出半径相等的圆弧。这时，两个圆弧会产生两个交点。将两个交点用直线相连接，就会与原先的三角形的一条边垂直相交。这条直线叫作三角形边的垂直二等分线，交点叫作三角形边的中点。

◆求重心的方法 1

分别用以上方法求出三角形 3 条边的中点 *D*、*E* 和 *F*。
最后将图中的 *A* 点和 *D* 点、*B* 点和 *E* 点、*C* 点和 *F* 点分别用
直线连接，最后就会发现，3 条直线最后在一个点上相交。

这真是不可思议的现象。为什么这么说呢? 两条不平行
的直线肯定会相交无疑，随便画上去的 3 条直线也未必就一
定会相交，但是我们前面实验中的 3 条直线却清楚地说明它
们肯定会相交于同一点。

对于任何形状的三角形，将其边的中点和对角的顶点连
接，3 条直线肯定会于一点相交，这个点就是这里要告诉大
家的重心。

◆求重心的方法 2

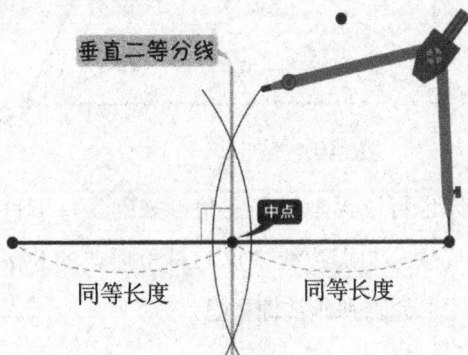

垂直二等分线

中点

同等长度　　同等长度

◆求重心的方法3

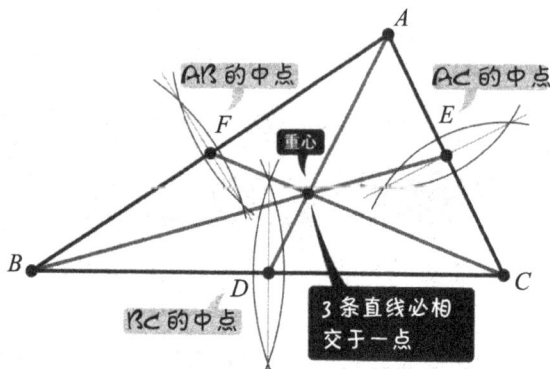

AB 的中点

AC 的中点

F

E

重心

B

D

C

3 条直线必相
交于一点

BC 的中点

　　最后，我们再用尺子测量一下重心到顶点的长度与稍微
短一点的重心到中点的长度。

　　我们会惊奇地发现：3 条直线中，任何一条被重心切割
的部分都呈现出 2:1 的比例。

◆重心到顶点的长度与重心到中点的长度

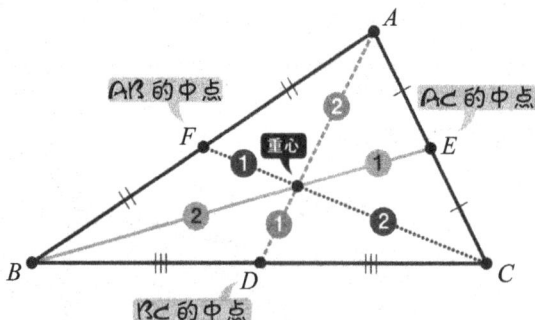

AB 的中点

AC 的中点

F

重心

E

B

D

C

BC 的中点

　　当然，你也可以再画一些三角形来确认一下这一测量是
否准确。在连接三角形边线中点与对角顶点的 3 条线相交的
瞬间，你一定也会感到非常惊喜吧？

三角形的秘密 2——外心

刚才我们已经提及，当三角形的 3 条边的中点与其相对应的顶点连接，3 条直线最终会相交于一点。这个点就是这个三角形的重心。

接下来，我们再次使用三角板和圆规寻找三角形的重心吧！如上文所示，首先画出三角形 3 条边线的垂直二等分线。

在这里有一点需要注意，即要注意连接刚才找到的连接边线中点的垂直二等分线。如上文所述，这 3 条垂直二等分线终会相交于一点，而这个点叫作"外心"。

◆ 外心的求法

AB 的垂直二等分线

AC 的垂直二等分线

外心

BC 的垂直二等分线

3 条垂直二等分线必相交于一点

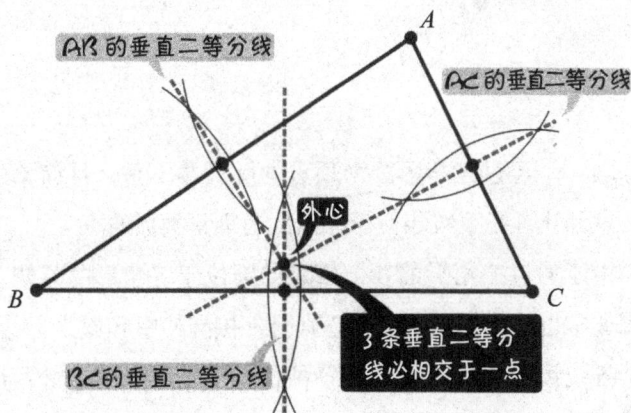

这里的外心也有一个奥秘。我们用圆规来找出它的奥秘所在吧！

　　将圆规带针的脚放在三角形 ABC 的外心位置，以与三角形顶点 A 的距离为半径，用铅笔画圆。圆规的铅笔端会相继通过 B 和 C 两个点，即三角形的外心是通过三角形的 3 个顶点的那个外接圆的中心点。

　　◆ **外心是外接圆的中心点**

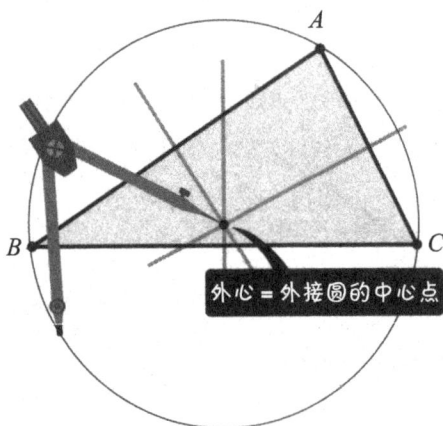

外心 = 外接圆的中心点

　　画一个经过三角形 3 个顶点的圆圈并不是一件简单的事情，这和让 3 条直线相交于一点的道理是类似的。

　　由于通过三角形的 3 个顶点的圆位于三角形的外侧，这个圆通常也称作外接圆。外心则是外接圆的中心点。

　　各位读者也试着画一下各种各样的三角形吧，然后找出所画三角形 3 条边的垂直二等分线，找到三角形的重心和外心，画出外接圆，然后就会出现三角形位于圆形之中的情形。

　　"3" 的神奇性就这样在三角形的世界中得以展现。3 个点构筑了美丽的三角形世界。

大家好好体味一下其中的乐趣吧!

智能手机由坐标来维系

一摸触摸屏就开始坐标运算

公交车上的售票机、银行的 ATM、汽车的导航系统以及智能手机等之类的，触摸型液晶屏幕在我们的日常生活中随处可见。这也是我们常说的触摸屏。

触摸屏的工作原理是画面中任何一个位置被手指或者手写器触及，触摸屏内部立刻对之进行识别，这其实正是坐标(x, y)的识别方法。

智能手机、掌上电脑以及汽车导航系统中都装置了触摸屏，有电阻式触摸屏和表面电容式触摸屏两种。

电阻式触摸屏有两块电极，当手指和手写笔按下的时候，通过对电压的识别，获得坐标的信息。

这种方式和连续式触及方式（两根以上的手指触及的情况）有所不同。

◆常见的采用触摸屏的设备

连续式触及方式是在近些年的智能手机中采用的，这种方式又被称作"电容式"。

人体是可以导电的。在冬天里我们一触摸门的把手，有时候之所以会猛地战栗，那是静电从我们的身体中通过所致。

将人体通过的电压减小的正是电容式。当手指触摸触摸屏的时候，触摸屏上只会有很小的电流通过，而且触摸屏会将这些电流（电荷）分流直至消失。

那么，这样的电流（电容）应该如何被检测出来呢？方法如下。

表面电容式即在触摸屏的4个角捕捉电容的变化，计算出 x 坐标和 y 坐标的位置。

投射式电容式即在 x 坐标和 y 坐标的位置设置数个电容传感器，当任何地方发生电容变化时通过该装置可立刻查明发生位置。话虽这么说，要真正做到将同时带来电容变化的两根手指的坐标毫无差池地辨识出来，并不是容易的事情。这一切经由非常精细的技术处理和复杂的过程之后，终于获得了实现。

这项技术究竟有多么困难，接下来请允许我稍作赘述。

这项技术中，x 坐标和 y 坐标的位置要分别被各自检出，随后将二者汇总确定坐标的位置。

在这个节骨眼上，如果要同时检出两个以上的位置点，将无法综合判别 x 坐标和 y 坐标的位置，从而导致导出"幻想鬼点"的错误出现。

举个例子说明：两根手指对应两个点，姑且记作 (x_1, y_1) 和 (x_2, y_2)。首先，得有传感器 x_1、传感器 y_1、传感器 x_2 和传感器 y_2 来捕捉电容的变化情况。但是会出现一个问题，当两个点同时出现传感信号的时候，传感器组无法判断出两个点究竟是 (x_1, y_1) 和 (x_2, y_2) 的组合还是 (x_1, y_2) 和 (x_2, y_1) 的组合。就是这样一回事。

"幻想鬼点"的消除方法

目前，"幻想鬼点"的问题已经被新研发的技术攻克了。在手指接触触摸屏的时刻，传感器就可以做到"同时测定两个以上的点产生的电容变化"，"幻想鬼点"的问题至此被完全解决。即便是在几根手指一同触摸的情况下，它们各自的坐标位置也能很快地被识别出来。

◆**连续触屏的坐标识别**

两根手指触摸
触摸屏的时候

机器不知道如何识别才能得出正确的坐标

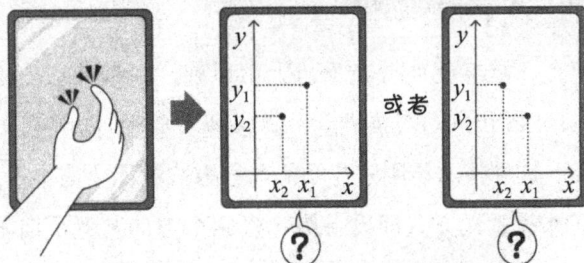

或者

出现了"幻想鬼
点"的错误

不仅好几根手指一起触摸屏幕，即便在手指以外的皮肤接触触摸屏的情况下，通过传感器判断的等高精度的信息处理手段，设置在控制器 IC 卡中的软件也能解决问题。这些都是通过传感器来实现的，每个时刻的坐标数据都能随时被准确地运算出来。

例如有一种手势处理方法。用 10 个随时变化的传感器数据计算出 x 坐标和 y 坐标，与此同时，坐标的移动速度、触屏拖动、防止回流装置、旋转、推拉镜头等，都通过手势处理方法来识别指令。

在触摸屏上轻巧地滑动着自己的所有手指来操作便携式计算机和智能手机，那是多么令人愉快的事情！

为了实现对这种舒适度——坐标——的识别，实际上，就在距离您手指 2.5 厘米之处，还有另外一个世界存在，在那里，汇聚着诸多的科学技术，另有数目巨大的坐标运算正在进行着。

ATM 机上触摸屏的构造

换个话题，就在智能手机上市以前，触摸屏被广泛地应用于 ATM 机和自动售票机上，其原理为众所周知的红外线遮光方式。这种技术与刚才述及的电容方式相比要简单得多。

红外线遮光方式即设备纵、横两个方向装置了肉眼看不到的、能发出红外线的发光二极管（LED），还装置了用于感光的光电晶体管，当手指放在光电晶体管上面的时候，LED 发出的红外线就被遮挡住了。然后相关软件判断哪里的红外线被遮挡住了，再确定手指位置的 x 坐标和 y 坐标，工作过程就是这样。

还有一些台式计算机的显示器也采用了红外线遮光方式，有趣的是其坐标是通过"三角测量"的方法来确定的。这种台式计算机和自动售票机那样纵、横两面发射红外线有所不同，它是在显示器的左、右两边的上方安装了 LED，从斜着的角度来发射红外线。

刚才提及的"三角测量"是在法国大革命之后发明的（请参考拙著《超有趣的让人睡不着的数学》），它的测定"舞台"是地平面。因为液晶屏也是平面，所以是符合三角测量的原理的。

不论是地平面还是液晶屏，人们都能对其上面的点进行计算，这体现了数学的威力。发明并将其运用到生活中的人们才是最了不起的！

始于笛卡儿的坐标故事

接下来，要谈一下我对于"坐标"一词的印象。

应用于触摸屏的坐标，准确的名称应该为直角坐标。通常，一说到坐标，就指的是直角坐标，即我们所说的"任意一点分别向 x 轴和 y 轴作垂线，垂足在 x 轴和 y 轴上的对应点分别为该点的横坐标与纵坐标"。

除此之外还有顶点坐标等通过原点和坐标轴的标识方法来表现的情况，我们将其称作"坐标系"。直角坐标就是根据直角坐标系而确定的坐标。

"我思故我在。"这是有名的法国哲学家勒内·笛卡儿的名言。他也是数学家，且在该领域造诣颇高，驰名世界。

我曾经在英语词典中对"Descartes"（笛卡儿）进行了检索，记载如下：

Descartes 笛卡儿（1596—1650），法国哲学家、数学家、物理学家。

其中有一个形容词：cartesian。我对这个词也进行了检索：

cartesian co-ordinates 【数学名词】笛卡儿（直角）坐标。

我带着"为什么把笛卡儿的名字和直角坐标联系在一起"的疑问进行检索，等发现是笛卡儿发明了直角坐标的时候，委实大吃一惊。

勒内·笛卡儿（1596—1650）

于是接下来我检索了"co-ordinates"这个词的来源，不看不知道，一看才知道……

co-ordinates【形容词】直译为坐标的直角坐标系。
co-ordinates【名词】坐标。

"co-"是 ordinate 的前缀。"co-"本身的意思是"共同的、同等程度的、相等的、合作伙伴"等。

我接下来对"ordinate"这个词进行了检索。

ordinate【名词】【数学名词】纵坐标。另见 abscissa。

由于纵坐标是一个不太适用的词，为了容易理解，这里就表述为和我们前面说到的 y 坐标是一样的。

词条列举了一个关联词汇"abscissa"，关于这个词的解释如下。

abscissa【名词】【数学名词】横坐标。另见 ordinate。

这样的解释真是叫人"丈二和尚摸不着头脑"，不认识的单词接二连三地出现。我随后对"ordinate"（纵坐标）和"abscissa"（横坐标）进行了检索，终于追溯到了希腊时期的大数学家阿波罗尼奥斯（约公元前 260—约公元前 200）。

在阿波罗尼奥斯的著作《圆锥曲线论》中就能找到这两个词语。阿波罗尼奥斯在把圆锥切割成平面的时候，发现根据不同的切割方法会形成不同断面，从而研究出分别有可能出现椭圆形、抛物线、双曲线等。

这当然不是前文所说的坐标的概念。在这里，"ordinate"和"abscissa"分别代表着各自的纵线和横线。

将这里的"ordinate"（纵坐标）和"abscissa"（横坐标）合并在一起来讲，再加上前缀"co-"，形成"co-ordinate"这个词，最后一起被沿用则要到德国的数学家戈特弗里德·威廉·莱布尼茨（1646—1716）的时代。

阿波罗尼奥斯（约公元前260—约公元前200）

戈特弗里德·威廉·莱布尼茨（1646—1716）

我知道自己需要做进一步的调查，一直到搞清楚笛卡儿如何使用了现在的"坐标"的概念。

经过调查发现，笛卡儿使用了与"坐标"相当的词汇，即"用曲线表示方程式"，他并没有专门使用"坐标"这个词汇。

即便是在当今，说到"cartesian"这个词，人们一般也会认为是"cartesian co-ordinates"（笛卡儿坐标）这个词组。这充分证明，笛卡儿对于"坐标"这个词做出了伟大的贡献。关于英语单词"descartes"的考察就暂时进行到这里。

日语中"坐标"一词的由来

接下来我想问一下，日语中"坐标"一词是怎么形成的呢？它的背后也有一番周折呢。

在日本明治时期的数学家藤泽利喜太郎（1861—1933）的著作《数学用语·英语对译词典》中，有这样的记载：

"co-ordinate（axis）译为横纵轴，但是co-ordinate（of a point）没有译文，则命名为'坐标'。"

随后，在该书的第二版中，这个词条的解释修改为："纵横轴的说法在平面的情况下是没有问题的，但是在立体也就是说3条轴线的情况下就不太适用了，故修改名称为'坐标轴'。"

藤泽利喜太郎（1861—1933）

在这时候，日语"坐标"一词的写法还没有被修改过来（注：现代日语中"坐标"写作"座标"），修改为"座标"的时候则要到数学家林鹤一（1873—1935）的时代了。"坐"是动词，如"坐下"这个词汇；林鹤一认为指"坐标"时应该使用名词"座位"的"座"字方显公允。在当时，林鹤一就对"坐"和"座"字进行了区分。

林鹤一（1873—1935）

　　林鹤一对"坐标"这个词的含义有所推进，认为"意味着点的位置，所以和星座表示的意思差不多"。

　　如今，触摸屏和显示器充斥着我们日常生活中的方方面面。在不知不觉当中，我们受益于坐标带来的各种便捷。追根溯源，我们还是要感谢日语"座标"这个词的出现，它成为我们今日讨论的议题，暂且不论它究竟是否起了作用。

　　日语"座标"这个词被创造出来的时候，和日语词"星座"联系在一起，无形中平添了一个洋溢着几分浪漫气息的趣话。

　　我们的古人用星座把漫漫皓空中的点点群星联系在一起，创作出不计其数的关于星座的故事，历经时间的洗礼流传至今。而在当代，我们进一步通过触摸屏和显示器向下一代寄托着我们的梦想。

无数个学问大牛的金玉良言

数字的世界令人倾倒

人类是在数字世界旅行的旅行者。有的人在大海上航行，有的人从苍穹上俯视万物。旅行者们无一不因这巧夺天工的瑰丽景色而流连忘返，他们一边痴情徜徉，一边找寻着下一个真理所在的地方。

数学的世界可谓是充满着无尽的神秘。它让无数人为之痴迷不愿离去。数学的世界给人一种错觉，就和大自然与艺术一样，也被认为是超越了人类智慧的存在。

> 数学创造的原动力不是一个人的思考能力，而是他的想象力。
>
> 欧卡斯塔斯·狄摩根（数学家，1806—1871）

> 高斯在数学上的成就，就相当于黑格尔在哲学上的成就，贝多芬在音乐上的成就，歌德在文学上的成就。
>
> D. J. 斯特洛伊克（数学家，1894—2000）

学了不犯困的超有趣数学

这个世界上的所有语言中，最优秀的是人工化了的语言，被极度压缩了的语言，那就是数学了。

尼古拉斯·罗巴切夫斯基（数学家，1792—1856）

新的发明都是以数学的形式呈现的。

查尔斯·达尔文（自然科学家，1809—1882）

数学的王国有一种不常见的美好。与其说是艺术之美，不如说是更接近大自然之美。经过深思熟虑之后的美好，可以媲美于大自然之美。就在我们鉴赏这种自然之美的时候，我们居然惊喜地拥有了它。

恩斯特·库默尔（数学家，1810—1893）

数学就是在天空中的飞翔。

瓦列里·奇卡洛夫（苏联飞行员，1904—1938）

数学将世界深处的奥秘逐一照亮。

戈特弗里德·莱布尼茨（哲学家，数学家，1646—1716）

知道如何计数并不是我们的目的。通过数学，实现我们与艺术和大自然的对话才是我们的目的。古今中外东西方的伟大人物的箴言，给我们最大的体悟也正在此处。从中我们体味到数学带给我们的欢乐，这是数学给予我们人类的特权，其实它也是我们人类的时代使命。

令人惊叹的数学运算——阶乘

如何搞清楚有多少种摆放椅子的方法？

假如现在有 3 个人。如果将 3 把椅子排成一列，那么 3 个人坐椅子的次序有几种呢？

如果我们假设这 3 个人分别是 a、b 和 c，第 1 个座位 a、b 和 c 都可以坐（a 坐），然后第 2 个座位 b 和 c 都可以坐（b 坐），但是第 3 个座位只能 c 一个人坐了（c 坐）。这样的话有"3×2×1=6（种）"次序。

接下来我们计算增加到 4 个人、5 个人座位的次序如何安排，情况如下：

4×3×2×1=24（种）方法

5×4×3×2×1=120（种）方法

◆ 3 个人座位的次序

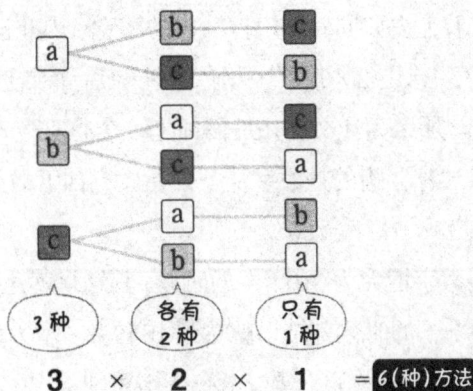

3种　　各有2种　　只有1种

3 × **2** × **1** = 6（种）方法

但是问题来了。

如果要举办聚会，参加的人都是家人、朋友和公司里的同事，这种情况下如何将所有的参加者一字儿排开呢？

如果是 10 个人参加的聚会的话，计算方法为：

$10 \times 9 \times 8 \times 7 \times 6 \times 5 \times 4 \times 3 \times 2 \times 1 = 3628800$（种）方法

如果是 20 个人参加的聚会的话，计算方法为：

$20 \times 19 \times 18 \times 17 \times 16 \times 15 \times 14 \times 13 \times 12 \times 11 \times 10 \times 9 \times 8 \times 7 \times 6 \times 5 \times 4 \times 3 \times 2 \times 1 = 2432902008176640000$（种）方法

如果是 30 个人参加的聚会的话，计算方法为：

$30 \times 29 \times 28 \times \cdots \times 4 \times 3 \times 2 \times 1 =$

$265252859812191058636308480000000$（种）方法

以上数字之大令人惊讶。

令人惊叹的阶乘

以上的排列方法称作"位列"。像"$3 \times 2 \times 1$"这样的乘法运算，看上去如同看到阶梯一样的感觉，因此被叫作"阶乘"。像"$3! = 3 \times 2 \times 1 = 6$"这样，"3"后面加上了一个感叹号"！"。那么为什么要在后面加上一个感叹号"！"呢？

感叹号"！"指的是数字从一开始就有如下的关系：

$5! = 120$ $6! = 720$

当这类数字增大为"$10!$"的时候，其结果就达到 7 位数，增大为"$20!$"的时候其结果就达到 19 位数，增大为"$30!$"的时候其结果则高达 33 位数之多……这种非常快速的递增，不由得让人肃然起敬，这正是令人惊叹的阶乘。

◆阶乘的运算结果超乎想象地巨大

$$2 \times 1 = 2! = 2$$
$$3 \times 2 \times 1 = 3! = 6$$
$$4 \times 3 \times 2 \times 1 = 4! = 24$$
$$5 \times 4 \times 3 \times 2 \times 1 = 5! = 120$$
$$\vdots \qquad\qquad \vdots \quad \vdots$$
$$10 \times \cdots \times 5 \times 4 \times 3 \times 2 \times 1 = 10! = 3628800$$

"20！"其结果达到 19 位数，"30！"其结果则高达 33 位数之多！

居然会形成这么大的数字！

大吃一惊

在饭店里和音乐会上，会场的座位排序有多少种呢？我们就可以使用阶乘的方法进行运算。亲爱的读者，您是否也有过这样为隐藏在生活中的巨大数字而大吃一惊的经历呢？

电子计算器所隐含的 "2220" 之谜

为什么答案是 "2220" ？

电子计算器中隐含了很多有趣的现象，本书选择其一介绍给大家。读者朋友们可以在手边放置一个电子计算器来验证一下。

从电子计算器的按键 "1" 开始逆时针看，就会看到 "2、3、6、9、8、7、4" 这 7 个数字。请按照这个顺序，从 "1" 开始，将每 3 个数字当作一个三位数，"123、369、987、741"，我们可以得到这 4 个数字。这 4 个数字从 "1" 开始，最后又回到 "1" 的位置。然后我们将这 4 个数字相加：

123+369+987+741=2220

很容易就得出答案为 2220。

接下来，我们从电子计算器的按键 "2" 开始沿着逆时针，按照以上方法进行加法运算：

236+698+874+412=2220

我们得出的答案也为 2220。

同样，我们从电子计算器的按键 "3" 开始，沿着逆时针将数字 "3、6、9、8、7、4" 继续按照上述方法进行加法运算，得出的答案仍然为 2220。

◆旋转一圈的加法运算

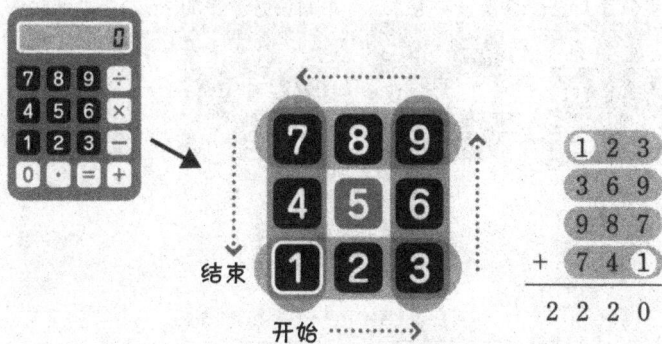

接下来，将电子计算器4个角的数字"1、3、9、7"分别重复按3次，我们继续相加运算：

111+333+999+777=2220

我们再将电子计算器中间的数字"2、6、8、4"分别重复按3次，然后继续相加运算：

222+666+888+444=2220

接下来，我们再把所有对角线上的三位数相加，您想象一下会出现什么样的结果呢？果不其然——

159+357+951+753=2220

最后，我们将电子计算器上"十"字位置的三位数全部相加：

258+654+852+456=2220

◆ 各种形式的加法

十字数字加法   对角线数字加法   中间位置数字加法   四角数字加法

2 5 8	1 5 9	2 2 2	1 1 1
6 5 4	3 5 7	6 6 6	3 3 3
8 5 2	9 5 1	8 8 8	9 9 9
+ 4 5 6	+ 7 5 3	+ 4 4 4	+ 7 7 7
2 2 2 0	2 2 2 0	2 2 2 0	2 2 2 0

  亲爱的读者朋友们,你们也可以试着按照十字数字加法、对角线数字加法、中间位置数字加法、四角数字加法 4 种方法对电子计算器上的数字进行演算,或者您也可以用草稿纸演算一下呢!

  为什么所有的答案都是 2220 呢? 我们通过将这些数字写在纸张上运算之后,就会发现它的秘密之所在。

"2220" 的秘密在手写运算之后揭晓

◆ 经过手写运算,我们看一看这些算式

1 2 3	2 3 6	3 6 9	6 9 8
3 6 9	6 9 8	9 8 7	8 7 4
9 8 7	8 7 4	7 4 1	4 1 2
+ 7 4 1	+ 4 1 2	+ 1 2 3	+ 2 3 6
2 2 2 0	2 2 2 0	2 2 2 0	2 2 2 0
9 8 7	8 7 4	7 4 1	4 1 2
7 4 1	4 1 2	1 2 3	2 3 6
1 2 3	2 3 6	3 6 9	6 9 8
+ 3 6 9	+ 6 9 8	+ 9 8 7	+ 8 7 4
2 2 2 0	2 2 2 0	2 2 2 0	2 2 2 0

首先，我们进行了围绕电子计算器上某一个数字旋转一周的运算。从电子计算器的按键"1"开始逆时针旋转，就会得到"2、3、6、9、8、7、4"这7个数字。然后按照"2、3、6、9、8、7、4"的顺序分别进行旋转一周后的数字相加运算，我们进行了8组的运算，如上页下图所示。

当然每组的最后答案都是2220，只不过"出场"的顺序不一样的情况下，第1组为"123、369、987、741"的加法运算，第2组则是"236、698、874、412"的加法运算。

接下来请将其他4个加法运算写出来，分别有：将位于四角的数字组成的三位数相加的四角数字加法，将位于四边的中间位置的数字组成的三位数相加的中间位置数字加法，将对角线位置的数字组成的三位数相加的对角线数字加法，以及将呈十字的三位数相加的十字数字加法。

再加上关键数字旋转一周的2种相加方法，与随后的4种方法，一共有6种相加方法。我们竖起来看这些演算方法。

◆竖着来看演算公式

逆时针旋转一周的加法运算

```
  1 2 3        2 3 6
  3 6 9        6 9 8
  9 8 7        8 7 4
+ 7 4 1      + 4 1 2
─────────    ─────────
2 2 2 0      2 2 2 0
```

四角数字加法　中间位置数字加法　对角线数字加法　十字数字加法

```
  1 3 9        2 6 8        1 5 9        2 5 8
  3 9 7        6 8 4        3 5 7        4 5 6
  9 7 1        8 4 2        9 5 1        8 5 2
+ 7 1 3      + 4 2 6      + 7 5 3      + 6 5 4
─────────    ─────────    ─────────    ─────────
2 2 2 0      2 2 2 0      2 2 2 0      2 2 2 0
```

我们是否注意到了某种规律存在？所有的运算都在"1、3、7、9"这一列，还有"2、6、8、4"这一列，以及"5、5、5、5"这一列，然后经过计算会发现，这3列数字不论怎么计算，其答案都是"20"。

这也就说明，以上任何一组的加法，百位上各数之和都是20，十位上各数之和也是20，个位上各数之和还是20。于是乎，将这些放在一起相加，即可得到：

20×100+20×10+20×1=2220

就这样，以上的6组运算都会得出共同的答案：2220。乍一看是不同的运算，但是经过分类就会发现，它们怎么相加都会得出唯一一个共同的答案：2220。

电子计算器上数字的旋转计算

刚才已经确定，计算器上所有的三位数不管怎样相加最后的结果都是2220。随后，我们在纸上将其列出，很快发现了其中的奥秘。

通过计算发现，竖着排列的数字都无外乎是"1、3、7、9""2、6、8、4""5、5、5、5"3种组合。

除此之外，还有其他的相加也为2220的情况出现吗？实际上，如果读者朋友们都知道"加法运算的秘密"的话，我们还能举出更多的实例来。

秘密就在于"电子计算器上数字的旋转计算"。

首先，在 1~9 这 9 个数字中，任意选出 3 个数字组成一个三位数。选择的是重复的数字也没有关系。这时，请记住 3 个数字在电子计算器上的位置和选择的顺序。

接下来，将电子计算器沿着顺时针旋转 90 度，在刚才选择数字的相同位置找出新的 3 个数字，即找出第 2 个三位数。按照这个顺序继续操作，分别选出 4 个三位数，然后请把这 4 个数字相加。

举个例子，如果以"168"开始，三位数就是"168、384、942、726"，相加可以得出其总和为 2220。这其实和刚才介绍给大家的对角线数字加法与中间位置数字加法的道理是一样的。

◆ 加法的运算秘密——电子计算器上数字的旋转计算

再说一个现象。电子计算器上的 9 个数字都是围绕着按键"5"这个中心点进行 90 度旋转的。实际上这个规则也使得数字呈现一定的规律。例如"1、3、9、7"就是"1→3→9→7"的顺序，"2、6、8、4"就是"2→6→8→4"的顺序，"5"则始终是"5→5→5→5"的顺序。这个在刚才的第 3 种情况的范围之内。

也就是说，根据电子计算器的按键的排序，所有数字的相加将会呈现出都是 2220 的结果。

所有的例子通过电子计算器都可以一一验证，秘密也一下子被揭开了。实际上因为是通过电子计算器进行的加法运算，很多人就不由自主地沉迷于电子计算器的数字世界当中了。

印度"魔法师"拉马努金

拉马努金（数学家，1887—1920）

拉马努金的灵感

估计世界上再也没有谁能够像印度的拉马努金那样，总是能够将灵感化作数学上的发现了。在短暂的 32 年的人生中，拉马努金发现了 3254 个数学公式。

对于世界超级难题"费马大定理"的解答，拉马努金起到了关键作用，这对后世的数学影响巨大。

拉马努金生于印度南部没落而贫穷的婆罗门家庭，没有受过完整的大学教育，但是他自幼成绩十分优秀。

15 岁的时候，朋友借给了他两册厚厚的英国人卡尔写的《纯数的应用数学基本结果大要》。这本书相当枯燥无味，只是罗列了代数、微积分、三角学和解析几何的 6000 个定理与公式。该书对拉马努金来说却是本好书，他通过自己的努力，证明了其中的一些定理，这成为以后他数学研究的基础。

但是，拉马努金对数学以外的事物全都不感兴趣。大学也是上了一半就退学，随后就开始在当地的海港事务所工作。

在那里，拉马努金遇到一位非常理解他的上司，他在数学研究上得到了上司的支持。拉马努金全身心地投入到自己的数学世界中。

拉马努金很快就在当地小有名气，但是因为他的研究水平太高，周围没有人能够弄明白他的研究。

这个时候，有人劝说拉马努金将自己的研究成果给英国的数学家们看一下，他就给当时的大数学家们写信请教。读了拉马努金来信的伦敦学者们也无人能理解他的数学研究，信件几乎全部都被退了回来。

与英国数学家哈第的邂逅

幸运的是，有一个人——英国剑桥大学的数学家 G.H. 哈第看到了拉马努金的数学才能。在拉马努金的信件中，虽然一些定理已经被前人所证实，但是哈第认为，其中一些哈第自己也搞不清楚的结果以及难以判断真伪的定理只有拉马努金这样的天才才能证明出来。

获得哈第认可的拉马努金于是获得了机会——他千里迢迢来到英国，在剑桥大学的数学研究科开始了自己的数学研究。可惜的是，由于拉马努金并不习惯英国的生活方式，短短 5 年后他就返回印度，不久就病殁了。

拉马努金在英国也住了很长时间的院，实际上他的研究最多也就进行了 3 年多的时间。但是，正是这短短的 3 年多时间，造就了拉马努金在数学领域与众不同的重要贡献。

在剑桥大学期间，拉马努金的论文都是和哈第联名发表的，这是因为其中的定理拉马努金并没有进行逻辑严谨的证明，而是由他的导师哈第来证实的。

在剑桥大学期间，拉马努金每天早上都要造访哈第的研究室，他每天的作业是将6个左右新发现的定理交给老师哈第教授。

女神悄悄告诉了我这些定理

拉马努金的定理计算有时候连他自己都很难解释。哈第对此也很惊诧，他询问了拉马努金。拉马努金的唯一回答却是："女神将这些定理写在了我的舌尖上！"

拉马努金是自学数学的，所以有时候他知道的定理连数学专业毕业的学生也不知道。对于拉马努金的这种异于常人的行为，哈第教授并没有责备，而是采取了尊重拉马努金、让他做自己想做的事情的原则。

哈第认为，如果要求拉马努金进行方法论上的证明，反而会阻碍他灵感的产生。于是他觉得自己可以代替拉马努金去做这些定理的证明。

"女神"这种超自然主义的说法或许读者朋友们也有所耳闻，了解拉马努金的数学学者都会觉得这个词汇由他说出来丝毫不足为奇。

那是因为大家都认为拉马努金所做的研究是人类最伟大的事业。精密无误、巧妙绝伦的计算能力才是拉马努金产生灵感的源泉。

在拉马努金进行大数据计算的实验中，普遍性的规律即定理会应时出现。后面的事情就交给哈第来完成了，哈第就拼命地证明拉马努金的思考步骤是如何产生的。

出租车的号牌与拉马努金的恒等式

能够显示出拉马努金超凡能力的趣事即"出租车号牌的数字"。

到医院探望拉马努金的哈第说道："我来医院的时候乘坐的出租车的号牌真是太普通了，居然是1729。"

听了这话的拉马努金马上就回答道："你可真的是说错了！1729是一个非常有趣的数字呢！"

于是哈第询问拉马努金为什么这么说。拉马努金解释道："这是能用两种方法来表示两个整数的立方和的最小整数。"

在这里需要参见下面方框中的运算。

◆拉马努金的恒等式与出租车号牌的数字

拉马努金的恒等式

$(6a^2-4ab+4b^2)^3 + (3b^2+5ab-5b^2)^3$
$= (6b^2-4ab+4a^2)^3 + (3a^2+5ab-5b^2)^3$

出租车号牌

$12^3+1^3=10^3+9^3=1729$

这就是有关拉马努金的恒等式与出租车号牌关系的故事。

据此，拉马努金发现了 1729 背后的奥妙。这显示了拉马努金不同于常人的卓越的计算能力。

将数列无穷相加的无穷级数

拉马努金在数学领域的最大贡献当属他提出的无穷级数。无穷级数指的是将一个数列的数字无穷地相加，如下图的无穷等比级数所示。

◆无穷等比级数

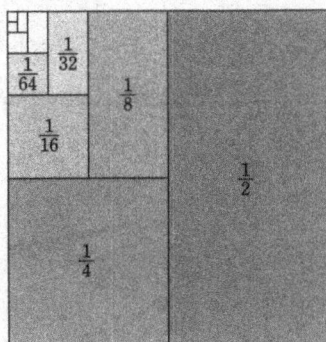

$$\frac{1}{2} + \frac{1}{4} + \frac{1}{8} + \frac{1}{16} + \frac{1}{32} + \cdots = 1$$

除此之外，拉马努金还研究得出了下面方框中的圆周率的无穷级数的公式。

◆由拉马努金研究得出的圆周率的无穷级数公式

$$\pi = \left(\frac{2\sqrt{2}}{99^2} \sum_{n=0}^{\infty} \frac{(4n)!(26390n+1103)}{\{4^n \cdot 99^n \cdot n!\}^4} \right)^{-1}$$

$$\pi = \left(\sum_{n=0}^{\infty} \left({}_{2n}C_n \right)^3 \frac{42n+5}{2^{12n+4}} \right)^{-1}$$

这个公式看起来十分复杂，拉马努金是如何得出这个公式的没有人知道。拉马努金得出的圆周率的无穷级数公式是一个神秘的公式。如果选择最初的两项（n是0和1的情况下）进行计算，就会得到9位数的圆周率——3.14159265。

拉马努金的圆周率的无穷级数公式在当今的超级计算机对圆周率的计算中也被屡次用到，这说明了拉马努金的圆周率无穷级数公式的实用性。

令人惊叹的拉马努金猜想

除此之外，拉马努金还有一个令世人惊叹的数学猜想，请参见下面方框中的内容。

◆拉马努金猜想

$$\sum_{n=1}^{\infty}\frac{\tau(n)}{n^s}=\prod_{p:\,\text{质数}}^{\infty}\frac{1}{1-\tau(p)p^{-s}+p^{11-2s}}$$

$\sum$总和符号 $\prod$连乘符号

$1-\tau(p)p^{-s}+p^{11-2s}$ 的零点 S 全部在 $Re(s)=\dfrac{11}{2}$ 之上。

佐藤干夫得出该公式后，德利涅在 1973 年再度证明了它。

　　这个被称作"拉马努金猜想"的公式，经过 50 多年的时光洗礼，直到 1974 年才被证明是正确的。

　　拉马努金经过天才的神秘运算发现了无数的定理。这其中有很多定理如果不被拉马努金发现，则注定在很长的时间里或者在未来永久地被尘封在岁月之中。虽然天才数学家拉马努金英年早逝，但是他的数学定理却如同璀璨繁星，令世界惊叹。

　　但是，拉马努金并没有留下任何关于自己是如何发现这些定理的说明。如今的很多定理也都是后来经由哈第和其他数学家之手才被一一证明的。

　　一旦被证明，这些定理将永远留在数学研究的历史长河中，成为后人进行数学研究的基础。在此基础上，人们继续展开新的数学研究。

数学中的"证明"除了简单的"检查验证"外，还有"阐明解释"的意思。在每一个定理的背后，一个更为广袤的世界已然悄悄地铺展开来，并且与另外一个不同的未知世界连接在一起。

我们在学校学习数学题目的证明时，大多数流于对计算好的证明步骤的背诵。但是，那种会让人感觉到乏味无趣的数学问题，实际上也是如本书列举的那般深奥有趣的另一个世界。

猜想经过证明成为定理。

第二部分

数学充满了神秘与惊喜

"清少纳言智慧板"与正方形谜题

被正方形环绕着的我们的生活

折纸、手绢儿、围巾、蛋奶烘饼、键盘上的按键、智能手机的指令符号、被炉、推拉门的方格子、地板和墙壁的瓷砖、西装的格子纹饰等，如果我们留意一下，就会发现我们的生活被正方形包围着。

那么正方形到底是什么样的形状呢？它常见的定义是"4条边都相等、4个角都是直角（等于90度）的四边形"。

我们给正方形画两条对角线的话，就会发现它的"对角线互相垂直、平分且相等，每条对角线平分一组对角"。正方形的边长与对角线的比例为 $1:\sqrt{2}$，约等于1.41。

◆**正方形的边长与对角线的比例**

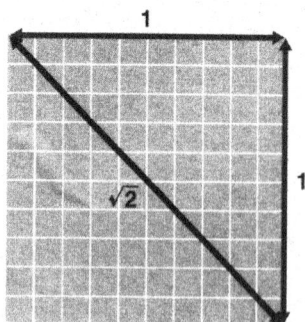

正方形的边长之比

1:1

正方形边长与对角线的比例

$1:\sqrt{2}$

我们应该利用正方形的性质，做一次大脑的冲浪运动。接下来我们继续接近正方形的奥秘。

将长方形制作成正方形 ①

接下来我们一起挑战一下如何解开制作正方形的奥秘。先来看一下下面的问题。

> 问题：有一块长和宽分别为 2 米和 1 米的布，如何将这块布恰当地剪裁排列，使其拼成一个正方形呢？请想出两个办法！

◆将长方形制作成正方形①

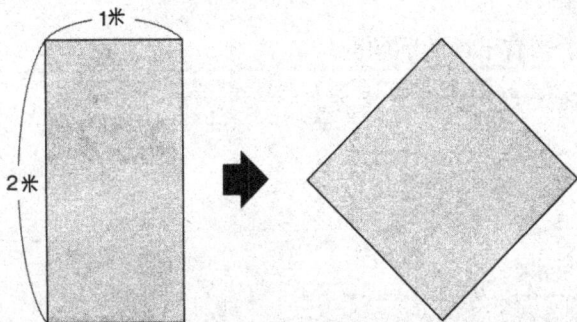

提示一：制作成斜着的正方形。
提示二：分别剪裁成 3 块或者 4 块。

将长方形制作成正方形 ②

> 问题：有一块长和宽分别为 16 米和 9 米的布，如何将这块布恰当地剪裁排列，使其拼成一个正方形呢？和上一问题类似，但是思考方法却截然不同哟！

◆将长方形制作成正方形②

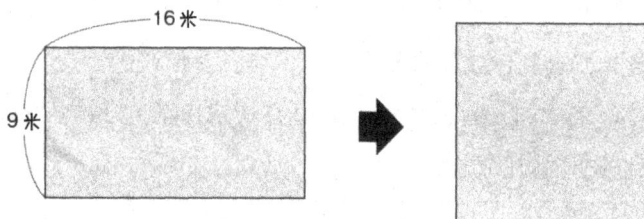

提示：如果剪裁的话，按照小长方形的形状。

将十字形制作成正方形

接下来看下面的问题。

◆将十字形制作成正方形

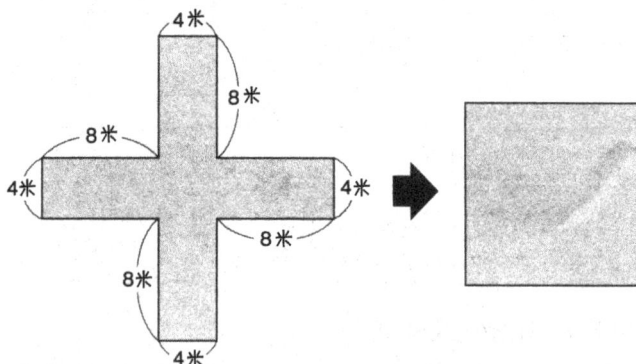

问题：如上图的布块所示，如何将这块布恰当地剪裁排列，使其拼成一个正方形呢？

江户时代颇受欢迎的剪裁拼接法

事实上，刚才的问题也给江户时代的日本人带来了很大的挑战。在当时的图书《和国智慧较》《勘者御伽双纸》中就记载了这些问题。

这两本书分别编著于 1727 年和 1743 年。那时正处于江户时代的中期。

这类问题统称为"剪裁拼接法"。其中的"剪裁"即按照一定的尺寸对布和纸进行切割。尤其是在做服装的时候，需按照设计图剪裁布料。

接下来介绍剪裁拼接法。请先看下图。

◆解答：将长方形制作成正方形①

剪裁成 3 块的方法　　　　剪裁成 4 块的方法

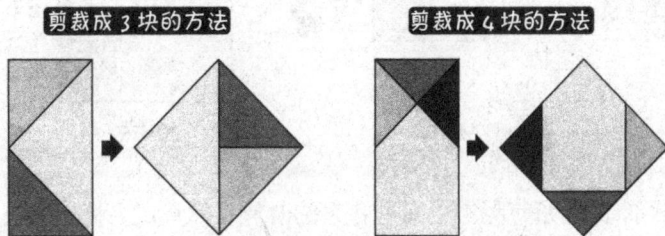

每一种方法都是按照边与对角线成 "$1:\sqrt{2}$" 的比例剪裁。

◆解答：将长方形制作成正方形②

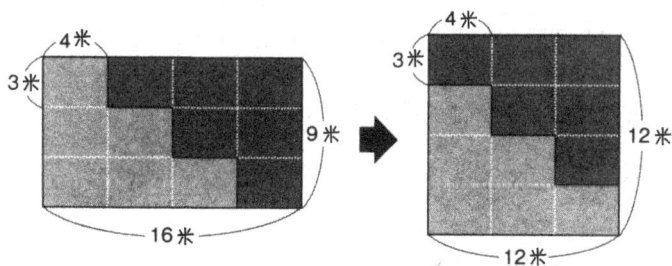

做成一个边长为 12 米的正方形。
这是由 3 米×4 米的小长方形按
照阶梯状排列构成的。

◆解答：将十字形制作成正方形

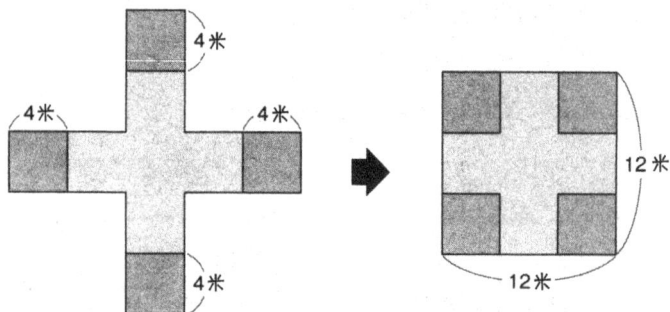

　　你觉得如何呢？当知道答案的时候，你肯定会恍然大悟：
"哎呀！怎么会是这样？哈哈！"将一个个难对付的问题集
合在一起，真是头疼死了。

　　其实，正是因为考虑到了方方面面，这样的问题才显得
妙趣横生。得出正确答案时的快感估计只有亲身经历的人才
能体会吧？

挑战剪裁拼接法

接下来我们继续挑战难度更大的剪裁拼接法问题。

第一个问题选自江户时代的著作，写作于 1659 年的《改算记》。

> 问题：有一块长和宽分别为 50 厘米和 32 厘米的布，如何将这块布恰当地剪裁排列，使其拼成一个正方形呢？

◆将长方形制作成正方形③（《改算记》）

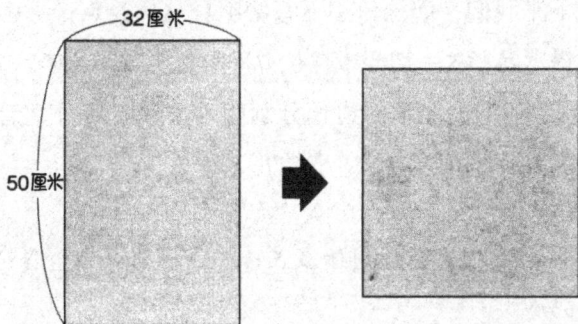

提示：将大长方形剪裁为小的长方形之后……

下一个问题来自《勘者御伽双纸》。

> 问题：有一块长和宽分别为 8 米和 4 米的布，如何将这块布恰当地剪裁排列，使其拼成一个等腰直角三角形呢？（说明：等腰直角三角形就是将正方形按照对角线折叠而形成的图形。）

数学充满了神秘与惊喜

◆ 将长方形制作成等腰直角三角形(《勘者御伽双纸》)

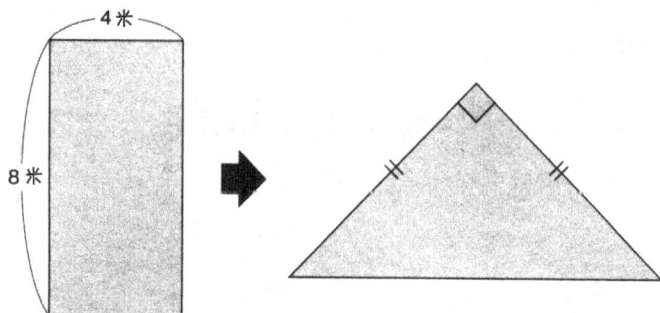

提示：请参照"将长方形制作成正方形①"的做法。

接下来我们一起探讨一下答案吧！从《改算记》中我们得到的提示是：这一切要根据长方形的长和宽做判断。

32 厘米和 50 厘米的边长分别四等分和五等分之后，得到 8 厘米宽、10 厘米长的小长方形。

◆ 解答：将长方形制作成正方形③（《改算记》）

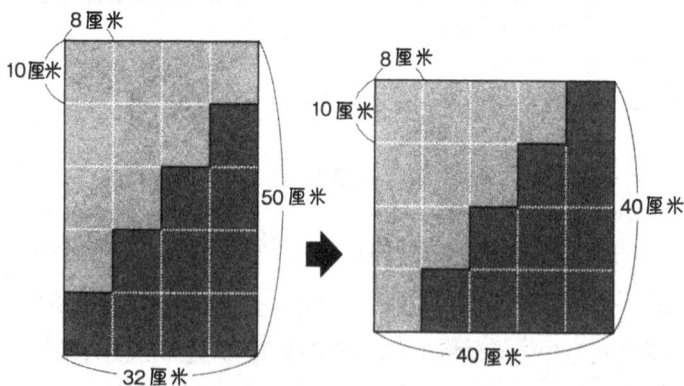

　　按照上页下图那样将大长方形切割成阶梯状的相同大小的两部分，然后进行错位移动，再进行拼接，一个边长为40厘米的正方形就这样诞生了。

　　接下来解决《勘者御伽双纸》中的问题。乍一看确实很难，我们也可以从"将长方形变成正方形①"中得到启示。

　　◆解答：将长方形制作成等腰直角三角形（《勘者御伽双纸》）

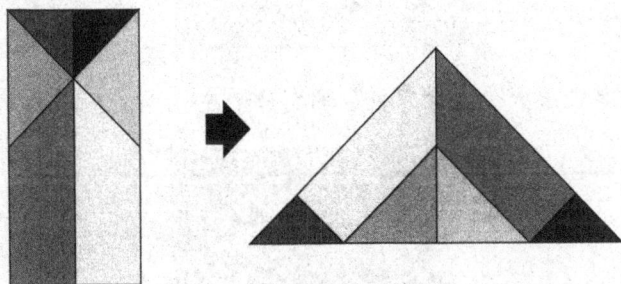

江户时代的谜题"清少纳言智慧板"

　　接下来给大家介绍正方形的谜题。江户时代出版了一本叫作《清少纳言智慧板》的书，其中有一个题目是"清少纳言智慧板"。

　　《枕草子》是平安时代的著名女作家、歌手清少纳言所著，而"清少纳言智慧板"是否与清少纳言有关系还是存在疑问的。或许清少纳言根本就没有玩过"清少纳言智慧板"这个游戏；又或许人们只是借用了清少纳言这位历史上的聪明女性的名字；抑或是因为江户时代的人都仰慕古代先贤，都愿意去挑战远古先贤们玩过的游戏。

◆ "清少纳言智慧板"

◆ "清少纳言智慧板" 的制作方法

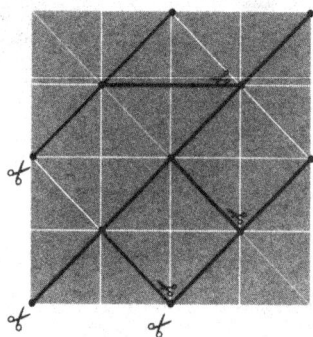

◆ "拔钉子"

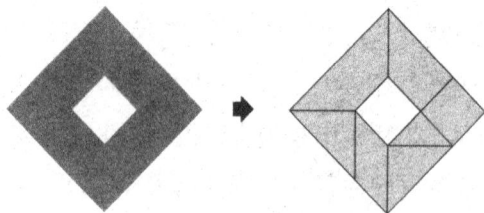

　　这个谜题是将一个正方形切割为7个小图形，分别为大小不同的两种等腰直角三角形（共3个）、正方形、平行四边形、两种梯形。题目要求利用这7个图形制作各种各样的图形。将这7个图形翻转过来使用也是允许的。

　　读者朋友们可以找一张正方形的纸，也做一个"清少纳言智慧板"。

　　"拔钉子"的问题在《清少纳言智慧板》中也有所介绍。看我们能不能做出来，先试一试吧！

◆挑战"清少纳言智慧板"①

羊羹

树木

鱼

　　这就是接下来的问题。

　　问题：请试着用"清少纳言智慧板"构造出上图的形状。

　　在最早出版的《清少纳言智慧板》中出现的物品大多是平安时代人们生活中使用的物品，或者是社会地位比较高的人熟悉的物品，江户时代的孩子们很多都不知其所云。

到了1724年再版的《清少纳言智慧板》中，图片就变成江户市的孩子们容易理解的或者就在平时生活中常见的事物，例如有八角镜子、木框灯笼和钥匙等。

◆挑战"清少纳言智慧板"②

八角镜子

木框灯笼

钥匙

问题又来了。

问题：请试着用"清少纳言智慧板"构造出上图的形状。

"七巧板"谜题

有趣的是，在世界上有很多和"清少纳言智慧板"相类似的物品，其中最有代表性的例子是"七巧板"。"七巧板"源自中国，顾名思义就是 7 个精巧的图形。随后"七巧板"传至欧洲，被叫作"silhouette"。

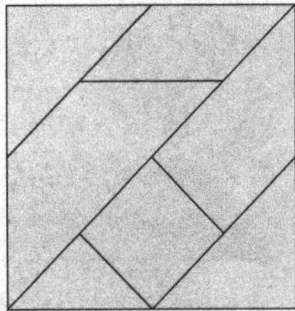

"七巧板"和"清少纳言智慧板"一样，都是将正方形分割成 7 个不同形状的图形，但是对两种游戏的图形分割方法进行比较，就会发现有些许的不同。

◆ "七巧板"与"清少纳言智慧板"的形状比较

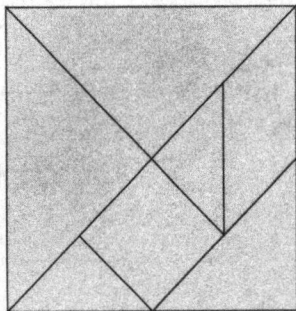

"七巧板"　　　　　"清少纳言智慧板"

那么，问题又来了，请看！

问题：请用"七巧板"构造出以下图片的形状。

◆挑战"七巧板"！

跑步的人

裁缝用的剪刀

袋子

钻石

像这样的正方形因为十分古朴，一下子就吸引了人们的注意力。

正方形的形态简单而且漂亮，却也隐藏了更多的可能性。亲爱的读者们，通过本节中的难题和谜题，您是否得以一窥数学的奇妙世界呢？

在本节的结尾，我再向大家提出一个问题。

> 问题：请用"清少纳言智慧板"制作以下图片中的圆周率 π 和英国数学家纳皮尔（1550—1617）发明的自然对数的底（自然常数）e 吧。

◆挑战"清少纳言智慧板"③

圆周率 π

自然常数 e

最后，请大家一定多摆弄一下"清少纳言智慧板"和"七巧板"，您也可以通过思考创作出由自己原创的图形。我相信，您一定会发挥自己的想象，创作出更多的图形来！

◆解答

挑战"清少纳言智慧板"①

羊羹

鱼

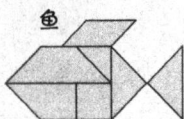

树木

挑战"清少纳言智慧板"②

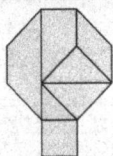

八角镜子

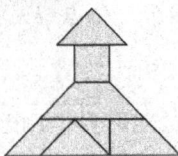

木框灯笼

钥匙

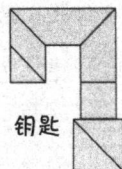

挑战"七巧板"！

裁缝用的剪刀

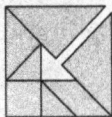

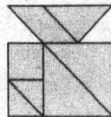

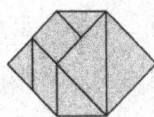

跑步的人

袋子

钻石

挑战"清少纳言智慧板"③

圆周率 π

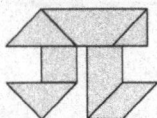

自然常数 e

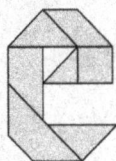

令人感动的数学家的轶事：建部贤弘

《天地明察》与和算家们

冲方丁的畅销小说《天地明察》使得数学家关孝和一举为天下人所知。数学家关孝和的弟子中有一位首屈一指的和算（日本数学）的传承者，那就是本节要讲的建部贤弘。接下来对建部贤弘其人稍作介绍。

建部贤弘（1664—1739）
江户时代数学家

遗憾的是，建部贤弘的肖像画并没有在历史的传承中保留下来，但是这并不妨碍他在日本数学史上为人敬仰的学术地位。

建部贤弘是日本将军德川家光的文书建部直恒的第3个儿子。建部贤弘作为关孝和的高徒为世人所知，连续为德川幕府时期的3代将军家宣、家继、吉宗讲授数学。

建部贤弘在数学领域业绩斐然，在独创性的和算的发展与普及方面做出了非常大的贡献。日本的数学研究会还为此设立了关孝和数学奖和建部贤弘数学奖，对两位先贤的追怀自此可见一斑。

建部贤弘从孩提时代就热衷于数学。建部贤弘从吉田光由的著作《尘劫记》（1631）、泽口之一的著作《古今算法记》（1670）、关孝和的著作《发微算法》（1674）等中源源不断地汲取了营养。于是在1676年，他与兄长建部贤明一同拜在关孝和的门下成为登室弟子。一直到1708年关孝和去世，时年44岁的建部贤弘作为弟子，见证了关孝和在数学研究领域的全盛时代。

难住了很多人的"遗题"

建部贤弘在数学领域的才华从他19岁时候的著作《研几算法》中就可以看出端倪。顾名思义，"研几"中的"研"字意思为"详细究明"，"几"为"微弱、略微"的意思。

那么，《研几算法》到底是一本怎样的书呢？

先从1670年泽口之一的著作《古今算法记》这个话题开始说起。泽口之一的《古今算法记》是日本最早应用"天元术"的高次方的方程式来解决代数问题的著作，这本书对后来的日本和算家们产生了很大的影响。

在《古今算法记》中，泽口之一提出15道没有答案的题目，即本小节标题中所提到的"遗题"，留给后人去解答。泽口之一留下的这15道题目，由于古怪偏狭，对其他和算家们构成了重大挑战，当时几乎没有人能顺利地算得出来。

1674年，关孝和的著作《发微算法》出版，该书对《古今算法记》中的15道题目进行了逐一解答。

此外，1678 年，田中由真的著作《算法明解》也对《古今算法记》中的 15 道题目进行了解答。到了 1681 年，佐治一平的著作《算法入门》则直言不讳地对《发微算法》进行了批评。因为《发微算法》的作者关孝和只是给出了问题的答案，但是并没有明快了然地给出解决问题的路径。

作为当时关孝和弟子的建部贤弘对佐治一平进行了猛烈的回击。建部贤弘在他的著作《研几算法》中，逐一指出《算法入门》的错误并进行了批驳。

这个事件充分展现了建部贤弘卓越的数学天赋。1685 年，他对关孝和《发微算法》的解答版——《发微算法段谚解》一书出版，立刻将关孝和的数学研究成果推广开来。

◆《研几算法》

◆《发微算法段谚解》

　　这一年年仅 22 岁的建部贤弘开始执笔写作关孝和数学研究之集大成作品《大成算经》。建部贤弘与兄长建部贤明齐心协力，终于在关孝和去世的当年（1710 年）完成了煌煌大著。

　　读到这里，我们的眼前或许会浮现出这样一个亲切的身影，在伟大的数学家关孝和的注视下，逐步打开自己数学研究的广阔天地的青年——建部贤弘。

比天才欧拉更早的数学成就

　　接下来，给大家介绍建部贤弘的数学成就中最为世界瞩目的圆周率 π 的运算。

　　建部贤弘的老师关孝和通过"正 131072（=2^{17}）角形"（近似圆的图形）将圆周率计算到小数点后的第 11 位。关孝和进行的这种运算的要点在今日看来，正是利用了"艾特肯加速"运算法（增约术）。这是一种用少量的数学运算却得出多位数的正确数值的计算方法。

例如在圆周率的计算中，要准确计算出直径为 1 的圆中的正多边形的周长。

在"正 2^n 角形"中"n"的数字逐渐增大的情况下，如何正确求导出正多边形的周长呢？它的关键点在哪里呢？关孝和在计算中，发现了 n 逐渐增大和正多边形的周长呈现等比数列的法则。

对于关孝和的发现，建部贤弘成功地找到了存在于圆周数列中的全新的法则。建部贤弘的法则被称作"累遍增约术"的"加速法"。

建部贤弘利用"正 1024（$=2^{10}$）角形"成功地计算出圆周率小数点后的第 41 位。在今天看来，他正是运用了"理查德森加速法"。

但是，不得不指出的是，"理查德森加速法"是在 21 世纪的圆周率计算中开始普及的数学研究方法。

首先请看下面方框中的内容。

◆建部贤弘公布的圆周率公式

$$\pi = 3\sqrt{1 + \frac{1^2}{3\times4} + \frac{1^2\times2^2}{3\times4\times5\times6} + \frac{1^2\times2^2\times3^2}{3\times4\times5\times6\times7\times8} + \cdots}$$

◆ 用求解函数公式来计算反三角函数 arcsin

$$(\arcsin x)^2 = 2 \sum_{n=0}^{\infty} \frac{(n! 2^n)^2}{(2n+2)!} x^{2n+2}$$

将 "$x=1/2$" 代入建部贤弘计算圆周率的公式。

这是建部贤弘在 1722 年出版的《缀术算经》中公布的圆周率计算公式。

这种 "无穷级数" 的公式是将三角函数 sin 的反三角函数 arcsin 代入求解函数公式 $x=1/2$ 中获得的。

令人吃惊的是，这要比天才莱昂哈德·欧拉用微积分发现这个公式早 15 年。

建部贤弘在数学上取得的诸多成就，即便是仅仅提及圆周率的计算方法，也足以在当时的世界上笑傲群雄。在闭关锁国的江户时代，日本数学的发展居然也可以与世界的数学发展齐肩而进，真是令人感叹！这也说明了日本和算的深奥之所在。

德川将军吉宗也对建部贤弘赞赏有加

1713 年，德川家继成为幕府第 7 代将军，建部贤弘成了德川家继的数学老师。但是可惜的是，德川家继仅仅在位 4

年就逝世了。

接下来是德川吉宗担任第 8 代将军。按照惯例，前任将军德川家继的家臣都要悉数辞官隐退。按理说建部贤弘也应该告老还乡，但是德川吉宗却将他挽留了下来。

德川吉宗的目的是要改革历法。这时，建部贤弘已经写成了《算历杂考》《极星测算愚考》《授时历议解》等书，他成为德川吉宗在天文、历法计算领域的技术顾问。于是乎，建部贤弘就成为 3 代将军的家臣，这在等级森严的江户时代也是绝无仅有的现象。幕府将军德川吉宗有多么赏识建部贤弘的才华自此就很清楚了。

数学的一种"道路"

按说圆周率通过一些常规性的加减乘除和开平方根的计算，都可以演算出相同的结果。但是，让人头疼的是，它的计算效率并不尽如人意。

我们也可以试一下用关孝和的"增约术"计算圆周率，的确是大费周章。接下来，看一下建部贤弘的计算方法。建部贤弘将自己的方法称作"累遍增约术"。他将之前小数点后面 10 位的圆周率一下计算到小数点后 41 位，可以说青出于蓝而胜于蓝，这一点上建部贤弘远远超越了他的老师关孝和。

接下来，关于发现无穷级数的方法，建部贤弘在他的著作《缀术算经》中有所记述。

为了将圆中发现的数（圆周率和弧长）高效率地求导出来，要进行数十位的数值计算，并经过长时间的审视才行。得益于敏锐的洞察力，建部贤弘穿透数字，将隐藏在其背后的规则一举找到。

按照将军德川吉宗的旨意，建部贤弘将该书的书名定为《缀术算经》。何为"缀术"？"缀术"一词取自中国古代有名的计算圆周率的数学家祖冲之的著作《缀术》。可能建部贤弘觉得只有这个书名才能概括自己的研究成果吧！

建部贤弘在数十位的数值计算过程中发现了计算的窍门，因而一举发现了数学研究的精髓。在《缀术算经》一书开头他就写道："缀术为缀而探索，以会术理者也。"他旨在从具体的"计算"提升到抽象的"术理"的高度。对于其间深奥的道理，建部贤弘在书中一语道破。

在该书中，建部贤弘回忆了恩师关孝和如何在将自己导向数学研究道路的同时，也勉励年轻人攀登数学研究的高峰。摘引如下（原文为日文）。

📖 从算数之心时，泰；不从时，苦。所谓从心即从质也。其所以从，其事未会以前有肯。必可得之心故。无疑而居于泰。居于泰，故常为而不止。常为而不止故无不得成。不从者，其事未会以前，无料可得、不可得而疑。

◆影印《缀术算经》正文页

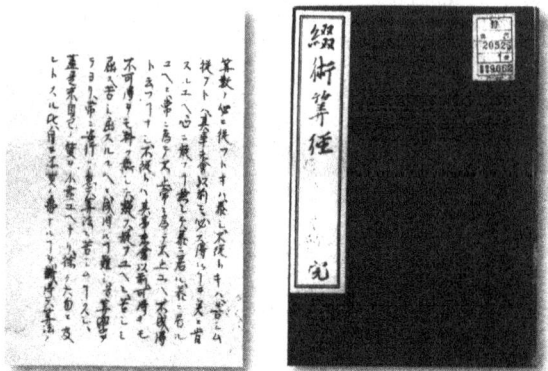

在古今东西方，截至今日，始终保持一颗算数之心的数学家除了建部贤弘以外估计没有其他人了吧？我认为建部贤弘追求的数学正是数学之道。

茶道、花道、香道、剑道……以上都是通过合理的思考方法，来追求美与某领域的融合。这里的"道"并非"起到什么作用"的作为；一言以蔽之，它是指"将自身导向某一极致的精神活动"。

如果这么说可以成立的话，我们不妨称之为"数学之道"。对于所有的读者而言，也可以说成数学带给大家的一个"精神世界"。

300多年前的建部贤弘的数学成果和语言无疑会超越我们的时代，在人类的内心产生更为深远的影响。

◆建部贤弘略年谱

年份	年龄	建部贤弘	关孝和略年谱 1640—1708	德川家略年谱
1664年		出生，为德川家光的文书建部直恒的第3个儿子	24岁	
1674年	10岁		34岁 著《发微算法》	
1676年	12岁	与兄贤明入关孝和门下，学习数学	36岁	
1683年	19岁	著《研几算法》	43岁 著《解伏题之法》《方阵之法》	
1685年	21岁	著《发微算法段谚解》	45岁 著《开方翻变之法》《题术并议之法》《病题明致之法》	
1690年	26岁	著《算学启蒙谚解大成》。成为德川纲丰的家臣北条源五卫门的义子		
1695年	31岁	完成《大成算经》12卷	50岁	
1701年	37岁	仕于纲丰	56岁 著《四余算法》	
1703年	39岁	任纳户番	61岁	
1704年	40岁	入西之丸文昭院，列为御家人	64岁	
1708年	44岁		65岁 移居江户，任幕府直属之士	
1709年	45岁	西之丸御小纳户	69岁 去世	
1712年	48岁			德川纲吉去世。德川家宣成为第6代将军
1713年	49岁			德川家宣去世
1714年	50岁	迁徙至一番町		德川家继成为第7代将军
1716年	52岁			德川家继去世，德川吉宗成为第8代将军，直到1745年去世
1721年	57岁	二丸御留守居		
1722年	58岁	著《缀术算经》《不休缀术》《辰刻愚考》等书		
1725年	61岁	著《国绘图》《岁周考》等书		
1726年	62岁	奉命翻译《历算全书》（梅文鼎著）		
1728年	64岁	著《累约术》		
1730年	66岁	御留守居番		
1732年	68岁	御广敷用人		
1739年	75岁	去世		

计算机 vs. 电子计算机

电子计算机 vs. 计算机

在当代，多亏有电子计算机，人类对数字世界的探求和巨大数字的计算才成为可能。举几个例子：试卷的难易度、电视节目的收视率，这些数据的处理都离不开电子计算机的计算。

电子计算机即我们常规意义上所说的计算机。我们暂且不说计算机，在这里先说说电子计算机吧？

一说起电子计算机，20 世纪 50 年代以及之前出生的人很快就会想起以前的大型计算机吧！

另外，现代的年轻人由于成长在小型电子计算机的时代，他们自然而然就会认为计算机 =Personal Computer（PC）。于是乎，电子计算机这一原本的称呼直接被忽视，被计算机的称呼取代了。

现代的个人计算机（PC）已经超出使用过大型超级计算机的人的想象，成为能够进行高速度、大容量的数据处理的超级机器了。我们所在的世界已经成为一个被高科技包裹的计算机世界。

◆ **以前的计算机：大型计算机**

这么大
的机器
是计算
机啊！

用 "0" 与 "1" 操作计算机

于是就有人感叹：电子计算机最终还是进化为计算机了。这种想法其实还是有失偏颇的。

现在的个人计算机，除了单纯的电子计算机之外也没有什么别的了。

在电子计算机的心脏部分中央处理器（CPU）中，所有的数值计算（加法、减法）或者 "and" "or" "not" 等逻辑运算，都是通过由 "1" 和 "0" 组合构成的二进制来执行的。

毋庸置疑，今日的 "计算机" 与昔日相比，无论是在数据处理速度还是记忆容量上都获得了较大的提升，但是其核心部分却没有发生改变。

展示网络主页的 HTML

在这部分我讲 3 个关于计算机的具有革新意义的技术。

WWW 是基于 Internet 的信息服务系统，是现代 IT 中的核心技术。这是在现代物理的基础上诞生的派生物。

1989 年，欧洲核子研究中心（CERN）的计算机科学研究学者蒂姆·伯纳斯-李（1955—）设计出了 WWW、URL、HTTP，还有 HTML。

蒂姆·伯纳斯-李进行了世界上最大规模的元粒子加速器实验。实验结果的数据非常大。为了更有效地与世界上的其他研究者共享这样一个庞大的数据，蒂姆·伯纳斯-李设计出了可以提供阅览服务的文献检索软件。人们通过对主要关键词的检索，就可以检索到关联信息。这就是现在采用 HTML 格式的网络主页。

因要印刷出更漂亮的数学公式而发明的软件

有一种叫作"TeX"的包含数学公式的文档排版软件。

这是一种可自由调整数学公式、使用起来较为容易的软件。

因为解析算法（解答问题的计算方法）研究而闻名于世的美国数学家唐纳德·克努斯（1938—）曾经让秘书用打印机把原稿打印出来。

当克努斯看到打印出来的稿件一塌糊涂的时候，简直无法忍受。于是他就想该怎么样做才能打印出公式更加明晰、文本更加整洁的文件。此念既起，克努斯立刻着手研究，于是制作出 TeX 排版软件。

印刷是黑白色的世界，但是从"1"和"0"的组合中一眼看穿先机的克努斯应用计算机技术设计了全新的排版软件；

最后通过字库的设置，终于设计成功。

◆ 遇到难以排版的数学符号怎么办？

```
\documentstyle{jarticle}
\begin{document}
\section{「数」と「数字」の違い}
\begin{description}
\item[例1] 関数$f(x)=\sin x$の変数$x$には「数」が代入できるの
\begin{equation}
f(\pi)=\sin \pi=0
\end{equation}
\item[例2] 虚数$i$は $\sqrt{2}$のような実数と同様に実在する「数
\item[例3] 1,2,3はローマ数字ではI,II,IIIと表される。
\end{description}
```

1 「数」と「数字」の違い

例1 関数 $f(x) = \boxed{\sin x}$ の変数 x には「数」が代入できるのであって「数字」は代入できない。

$$f(\pi) = \sin \pi = 0 \qquad (1)$$

例2 虚数 i は $\boxed{\sqrt{2}}$ のような実数と同様に実在する「数」である。

① 输入这样的指令
② sin 和 √ 得到整洁的文本呈现

圆周率 π 与版本升级

克努斯在开发 TeX 的最初版本 TeX 3 的时候，曾向全世界宣告，绝不进行超过该版本的技术升级。

而现实情况是，在对各种不完善情况的修正中，该版本逐渐升级，在 3.1、3.14、3.141…的道路上不断前进。直到克努斯去世后，像圆周率 π 一样无休止的版本升级才最终偃旗息鼓。

得益于今日 TeX 技术的不断升级，该技术也惠及各个领域。在这个平台上，世界上的数学家们能够随心所欲地将新发现的数学公式公之于众。

TeX 是一种非常好的数学公式排版软件。例如，使用

TeX 可以排版出上页图片的效果呢。

对此感兴趣的读者朋友可以在网络上检索一下 TeX，也可以下载下来试用一下！

史蒂夫·乔布斯与计算机

接下来继续介绍 OS 操作系统！苹果公司的创始人之一史蒂夫·乔布斯（1955—2011）众人皆知。史蒂夫·乔布斯在苹果公司隐退后，为了实现自己的梦想又组建了 NEXT 公司。在那里史蒂夫·乔布斯开发出 OS 操作系统。

在 20 世纪 80 年代后期到 90 年代后半期，乔布斯在 NEXT 公司的办公室里冥思苦想，终于开发出了 OS 操作系统。

OS 是随后出现的 Mac OS X 以及现在的 iPad 所使用的操作系统的前身，它也是现在的 iPod、iPhone、iPad 所使用的操作系统的雏形。

◆电子计算机的革新技术

NEXT STEP 的开发者　　TeX 的开发者　　HTML 的开发者

史蒂夫·乔布斯　　唐纳德·克努斯　　蒂姆·伯纳斯-李

他们将计算机视为电子计算器。

不得不提到的是，上文提及的由蒂姆·伯纳斯-李设计的WWW，在实际操作方面还多亏了开发工具 OS 呢!

HTML、TeX、NEXT STEP 共同的特征是迄今为止仍为我们所用，有着持久的生命力。

这其中的秘诀是将一个人的才能通过各种努力付诸实际行动。在计算机技术的"黎明"时期，这些伟大人物面对计算机将彻头彻尾取代电子计算机的现实，都进行了思考：用这个机器究竟能做什么呢？对此，他们每个人都给出了不同回答。

默默支持计算机的数字们

在当代，前辈们发明的技术成为了人们应用的便利的工具，并基本上得到了普及。但是不得不回避的问题是，计算机仍然只是被当作电子计算机来使用，这一本质没有太大改变。

有时候我们也试着把计算机称作"电子计算机"？语言的力量总是在不经意间出人意料地强大。只有这样，我们才能厘清"数字"与"计算机"词汇背后的本质——我们或许才会意识到数字与计算机的切实存在。

用绳子造出直角来？！

用三角板和圆规画出直角

"请画出一个漂亮的直角来吧！"

如果有人这么跟我们说，该怎么办呢？

我们在学校已经学过，当一条直线和另一条直线相交形成的邻角彼此相等时，这些角被叫作直角。每个直角都是90度。

估计很多人都会使用量角器和三角板作图吧。你可能认为如果手边没有量角器，那这个图就没有办法完成了。其实还有其他的办法。

即便没有量角器，我们也可以画出漂亮的直角来，而且工具就在我们的身边，随处可见。

接下来，我们就针对直角的画法，介绍一下步骤。

首先，想一下如何画出两条相交的直线。

如果用直角三角板模型来勾画，或者量角器来测量，那真是毫无趣味。

我这里给大家规定的工具是三角板、圆规以及铅笔，而且不可以使用三角板上的刻度。

圆规是用来画圆的工具。这次我们利用它的便利性，"在不同的位置画出等距离的两个点"。

下面开始吧！

在笔记本上画出一条直线和点 A。从点 A 出发，画出另一条直角边总共分为 4 个步骤来完成。

步骤1 首先，以点 A 为中心，画出半径适当的、与直线相交于两点的圆弧（一部分圆圈）。

步骤2 以与直线相交的一个点为中心，画出与刚才的圆弧半径相等的长圆弧。

步骤3 与步骤 2 方法相同，以与直线相交的另一个点为中心，画出与刚才的圆弧半径相等的长圆弧。

步骤4 使用三角板，将直线下侧两个圆弧相交的一点与点 A 相连接，这条直线与原来的直线垂直相交。这就是构成直角的另一条直角边。

◆ 用三角板和圆规制作直角

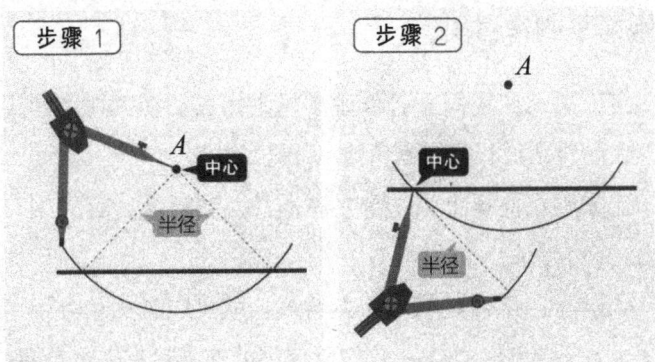

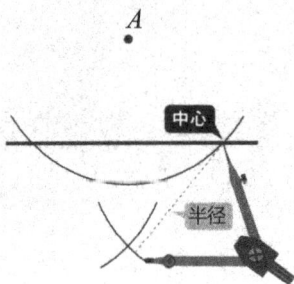

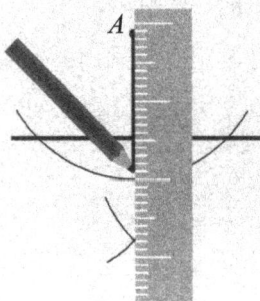

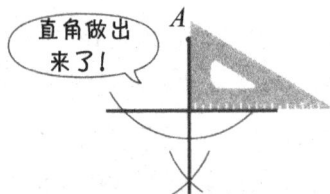

最后，在作图结束后，用量角器检查一下画出来的两条直角边所夹的角是否为直角。您一定会为自己的杰作而开心吧！

使用绳子制作直角

接下来，让我们一起从屋子里走出去，在大地上画出一个大大的直角吧！请大家考虑一下怎么办。

比如要在操场上画一个足球赛场。当然了，首先用白线画出一个大大的长方形。

画出与一条线段直角相交的线段就可以画出长方形了。要画出数十米长的白线，我们可使用的工具只有一根长绳。

因为场地十分开阔，如果还像刚才那样使用圆规和三角板画图，未免有点不能胜任了。

那么我们怎么才能做出直角呢？

实际上，在只有一根长绳的情况下，按照下面的步骤就可以画出直角来。

步骤1 将长绳划分为等长的 12 段，并做上标记。

步骤2 将长绳按比例进一步划分为 3、4、5 不等长的 3 段，并做上标记。

步骤3 将长绳打结，按照"长度3""长度4"和"长度5"的比例，请 3 个人在 3 个顶点将长绳拉直。于是，在"长度3"和"长度4"之间的角就是画出来的直角。

◆ 用长绳制作直角

步骤 1 将长绳等分为 12 个部分。

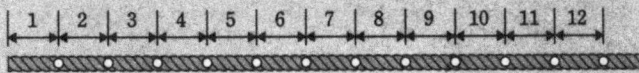

| 1 | 2 | 3 | 4 | 5 | 6 | 7 | 8 | 9 | 10 | 11 | 12 |

步骤 2 进一步按比例划分为"长度3""长度4"和"长度5"3 段。

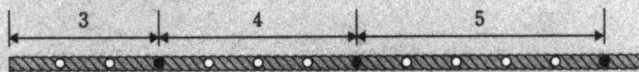

| 3 | 4 | 5 |

步骤 3 　将长绳打结，按照"长度3""长度4"和"长度5"
的比例，请3个人在3个顶点将长绳拉直。

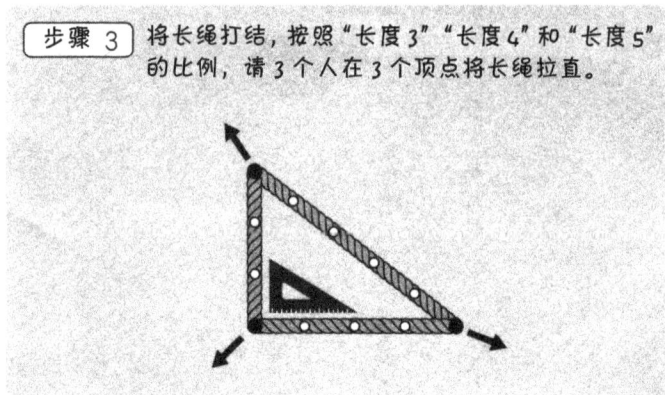

古代金字塔上的智慧与技术

以上制作三角形的方法在古埃及、古巴比伦（现在伊拉克的附近）、印度以及中国很早的时候就被发现了。例如农耕用地的界线划分、建筑工程中用线画出直角，等等，不胜枚举。

"放线师傅"自然知道按"长度3""长度4"和"长度5"的比例可以组成直角三角形。当然了，这种方法的应用不仅局限于大地，在我们的练习本上画图也是一样的效果。

也请读者朋友们模仿古人的做法，在手边的练习本上做出节点，然后画出个直角三角形来！

实际上，这里隐藏着直角三角形的巨大秘密。这个秘密被一个古希腊人发现了。

那么，这个古希腊人是谁呢？下一部分中我会告诉大家这个问题的答案。

痴迷于直角的毕达哥拉斯

揭示直角三角形巨大秘密的是古希腊的大数学家毕达哥拉斯。

毕达哥拉斯发现，要构成直角三角形的话，3条边必须满足一个条件。毕达哥拉斯随后对于自己的发现逐个进行了验证。直角三角形3条边的关系自此浮出水面。

直角三角形两直角边的平方和等于斜边的平方，即纵边长的平方＋横边长的平方＝斜边长的平方。

◆直角三角形：三边长的关系

$$（纵边长）^2+（横边长）^2=（斜边长）^2$$

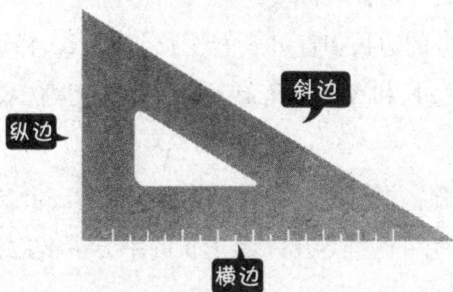

这个关系可以通过正方形的面积来说明。据说，毕达哥拉斯望着地板上正方形的轮廓，想到它与正方形面积之间的关系，脑海中顿时浮现出直角三角形的灵感。

请看下一页的图示。

◆毕达哥拉斯的发现

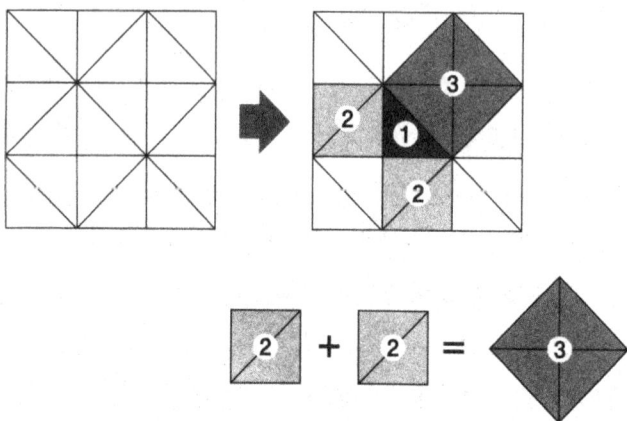

在直角三角形①的周围有正方形②和正方形③。

通过将正方形二等分，发现两个正方形②的面积和正方形③的面积相等。用公式来表示这层关系，即"正方形② + 正方形② = 正方形③"。

正方形②的边长和直角三角形①的纵边长(横边长)相等，正方形③的边长和直角三角形①的斜边长相等。请大家注意这一个现象。

这么一来，根据刚才的公式"正方形② + 正方形② = 正方形③"，就可以推导出"纵边长的平方 + 横边长的平方 = 斜边长的平方"。

◆毕达哥拉斯定理（三平方定理）

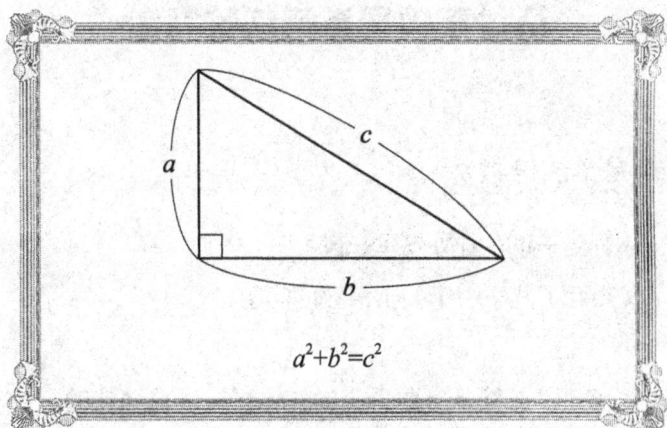

$$a^2+b^2=c^2$$

毕达哥拉斯自此发现，不管是哪一种类型的直角三角形，其3条边都满足"纵边长的平方＋横边长的平方＝斜边长的平方"的公式。同样，三角形的3条边满足这个公式的时候，这个三角形也一定是直角三角形。

由毕达哥拉斯发现的直角三角形的三边关系后来被命名为"毕达哥拉斯定理"。

同一个数的两次相乘后来被叫作"平方"，因此毕达哥拉斯定理也被称作"三平方定理"。

我们人类早在古代就被直角的魅力所吸引，古人总是想着如何才能画出更漂亮的直角。

正如直角呈现给我们的美丽角度那样，这一定理正是我们的先人付出的艰辛和智慧的结晶。

通过车牌号进行倍数判定

2520 是谁的倍数?

一对父子正在野外驾车兜风。

父亲问了儿子一个关于倍数的问题。

父亲: "爸爸要出题目了哟! 你看一下前面那辆车的车牌号码! 轿车的号牌是 2520, 四位数吧? 那 2520 是谁的倍数呢?"

儿子: "是 10 的倍数, 因为它的个位数是 0! "

父亲: "答对了! 你想想, 还有其他的数字吗? "

儿子: "将 10 拆开, 2 和 5 都可以嘛! 那我的答案是它既是 2 的倍数, 也是 5 的倍数。"

父亲: "又答对了! 很厉害哟! 你再想想, 还有其他的数字吗? "

儿子: "嗯嗯——剩下的好像不能再分割了, 我也不知道了呢! "

当一个数 A 可以被另一个数 B 除尽的时候, 那么 A 就是 B 的倍数。举个例子来看, 6 可以被 2 除尽, 那么 6 就是 2 的倍数。另外, 6 也可以被 3 除尽, 那么 6 也是 3 的倍数。

再回到刚才的例子当中，当爸爸看到前面的车牌号码是
2520 的时候，他在一瞬间已经想到 2520 可以分别是 2、3、
4、5、6、7、8、9 以及 10 的倍数。于是爸爸就给孩子出了
这样一道题。

例子中,爸爸正在驾车,他无法使用纸和计算器进行演算。
那么爸爸一定知道什么不为人知的判断倍数的方法吧? 这里
会有什么玄机呢?

首先我们用简单的倍数判定法来看一下。

我们这就来确认 2520 是谁的倍数。

◆ 倍数判定法

倍数	判定法
2 的倍数	个位数为 2 的倍数
3 的倍数	各位数字之和为 3 的倍数
4 的倍数	后两位数为 4 的倍数
5 的倍数	个位数为 0 或者 5
6 的倍数	个位数是 2 的倍数或者各位数字之和为 3 的倍数
10 的倍数	个位数为 0

首先请看上表。

单单从个位数就能判断出 2520 是 2、5 和 10 的倍数。

如果一个数字的个位数为 2 的倍数（0、2、4、6、8），

那么这个数字是 2 的倍数；如果其个位数为 0 或者 5 的话，则是 5 的倍数；如果个位数只是 0 的话，那么这个数字是 10 的倍数。

2520 确实是可以被 2、5、10 除尽的。

$2520 \div 2 = 1260$

$2520 \div 5 = 504$

$2520 \div 10 = 252$

数字"后两位数为 4 的倍数"的情况下是 4 的倍数。2520 的后两位是 20，是 4 的倍数，所以说 2520 也是 4 的倍数。

的确是——

$2520 \div 4 = 630$

数字"各位数字之和为 3 的倍数"的情况下是 3 的倍数。2520 的各位数字之和为：

$2+5+2+0=9$

9 是 3 的倍数，所以说 2520 也是 3 的倍数。

的确是——

$2520 \div 3 = 840$

除此之外，"个位数为 2 的倍数或者各位数字之和为 3 的倍数"的情况下，该数字是 6 的倍数。也就是说，6 的倍数是 2 的倍数和 3 的倍数的总和。

接下来可以通过计算来确认。2520 是 6 的倍数确定无疑。我们也可以通过计算验证一下。

数学充满了神秘与惊喜

的确是——

2520÷6=420

◆**通向数字王国的车牌号码**

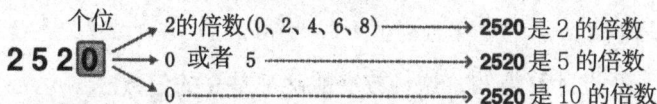

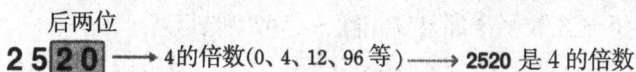

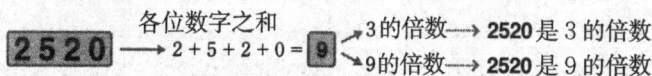

●数字王国314●
25-20

个位
2520 → 2的倍数（0、2、4、6、8）——→ **2520** 是 2 的倍数
→ 0 或者 5 ————————→ **2520** 是 5 的倍数
→ 0 ————————————→ **2520** 是 10 的倍数

后两位
2520 ——→ 4的倍数（0、4、12、96 等）——→ **2520** 是 4 的倍数

各位数字之和
2520 ——→ 2 + 5 + 2 + 0 = **9**
→ 3的倍数——→ **2520** 是 3 的倍数
→ 9的倍数——→ **2520** 是 9 的倍数

各位数字之和是9的倍数

爸爸开车时发现了前面的车牌号码也是 9 的倍数。接下来就说一下 9 的倍数的问题。

我们试着写一下 9 的倍数：

9、18、27、36、45、54、63、72、81…

有趣的是，这些数的各位数字加在一起的和都是 9。

18 → 1+8=9　　27 → 2+7=9　　36 → 3+6=9

45 → 4+5=9　　54 → 5+4=9　　63 → 6+3=9

72 → 7+2=9　　81 → 8+1=9　　…

即 18～81 的数字，如其十位数和个位数相加在一起和为 9，则该数为 9 的倍数。

接下来我们再确认一下三位数以上的数字。

例如，将 594、954、1134、1242…各位数字逐一相加：

594 → 5+9+4=18（9 的倍数）　　954 → 9+5+4=18（9 的倍数）

1134 → 1+1+3+4=9（9 的倍数）　1242 → 1+2+4+2=9（9 的倍数）

经过计算得知，这些数字的确都是 9 的倍数。

将这些数字全部与 9 相除，都可以除尽：

594÷9=66　　954÷9=106

1134÷9=126　1242÷9=138

这些数字全都是 AM 电台广播的频率数字。AM 电台广播每隔 9000 赫兹是一个频率。基于这样一种情况，AM 电台广播的所有频率都是 9 的倍数。

这样再看车牌号码 2520，经过简单计算"2+2+5=0=9"，于是就可以断定 2520 是 9 的倍数了。

8 的倍数根据最后三位数判定

接下来介绍 8 的倍数。

九九乘法表中 8 的倍数有：16、24、32、40、48、56、64、72。

当然，数字 72 之后的 80、88 也是 8 的倍数，之后的数字 96 还是 8 的倍数。这里面比较难看出来的估计是 96 这个数字吧？

首先我们来看三位数的情况。可以采用下面的方法进行判定。首先将百位数和后面两位数分开。将百位数乘以 4，然后与后两位数相减，用大的数字减去小的数字。如果最后得出的差是 8 的倍数，那这个三位数就是 8 的倍数。

◆ **8 的倍数判定法（三位数的情况下）**

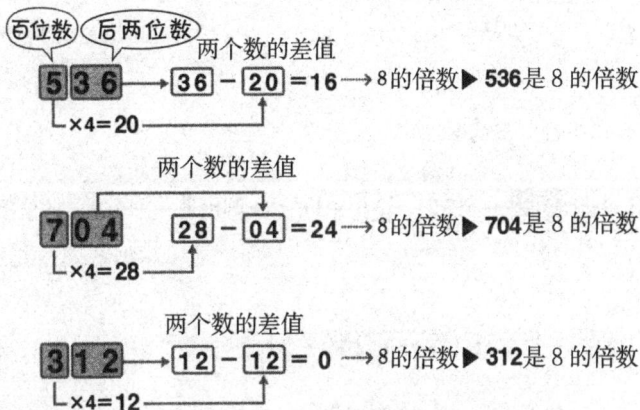

百位数 后两位数
　　　　　　　两个数的差值
5 3 6 → **36** − **20** = 16 → 8 的倍数 ▶ **536** 是 8 的倍数
└×4=20

　　　　　　两个数的差值
7 0 4 → **28** − **04** = 24 → 8 的倍数 ▶ **704** 是 8 的倍数
└×4=28

　　　　　　两个数的差值
3 1 2 → **12** − **12** = 0 → 8 的倍数 ▶ **312** 是 8 的倍数
└×4=12

上述的最后一种情况，当百位数的 4 倍与后两位数的差为 0 的时候，因为 0 也是 8 的倍数，0 可以被 8 除尽，这个三位数也是 8 的倍数。

有趣的是，四位数的情况下，可以直接把千位数以上的所有数字直接忽略，根据后 3 位数字直接进行判定。我们以 1000 这个数字为例，当然 1000 是 8 的倍数：

$1000 \div 8 = 125$

用这种方法我们再来看车牌号码 2520 吧！到这里答案就非常明显了。我们只关注后三位数 520，百位数 5 的 4 倍是 20，与后两位数 20 相减差为 0。因为 0 也是 8 的倍数，0 可以被 8 除尽，所以车牌号码 2520 也是 8 的倍数。

◆ **8 的倍数判定法（四位数的情况下）**

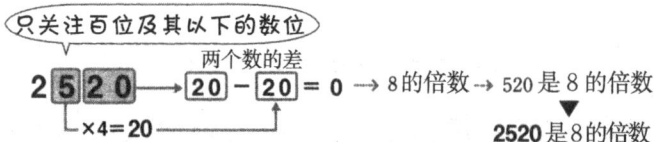

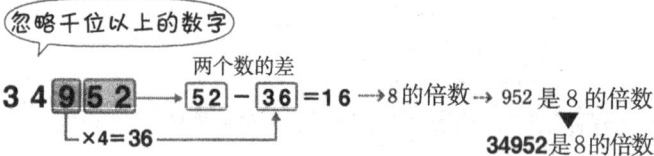

只关注百位及其以下的数位

两个数的差

2**520** → **20** − **20** = 0 →8的倍数→ 520 是 8 的倍数
└×4=20

2520 是 8 的倍数

忽略千位以上的数字

两个数的差

3 4**952** → **52** − **36** = 16 →8的倍数→ 952 是 8 的倍数
└×4=36

34952 是 8 的倍数

7 的倍数判定法（到百位数为止）

到目前为止，我们介绍了 2、3、4、5、6、8、9、10 的倍数的判定方法。即便是位数很多的数字，也可以转换为两位数进行运算，这为我们的运算提供了很大的便利性。

最后，我们的重头戏是 7 的倍数的判定方法。
为了更好地判定三位数，我们先看一下 7 的倍数。

14、21、28、35、42、49、56、63（这些是九九乘法表

中的数字）

接下来还有几个数字：

70、77、84、91、98

尤其是最后 3 个数字应该特别记一下。

如果百位数 ×2+ 后两位数的结果是 7 的倍数的话，那这个三位数就是 7 的倍数。我们以数字 259 为例计算一下吧。

259 → 2×2+59=63 → 63 是 7 的倍数→ 259 是 7 的倍数，259÷7=37。

在三位数当中，百位数 ×2+ 后两位数的计算中，如果结果是三位数，则在结果的基础上重新计算一遍。这个时候数字就会变小。

例 如：896 → 8×2+96=112 → 112 → 1×2+12=14 → 14 是 7 的倍数→ 896 是 7 的倍数，896÷7=128。

◆ 7 的倍数判定法（三位数的情况下）

先看一下 7 的倍数：

14、21、28、35、42、49、56、63(这些是九九乘法表中的数字)

70、77、84、91、98（尤其是最后 3 个数字应该特别记一下）

（百位数字）×2+（后两位数）

2 5 9　　4 + 5 9 =63 ······→7的倍数 ▶ 259 是 7 的倍数
└ ×2=4

如果结果是三位数的情况，在结果基础上重新计算一遍。

（百位数字）×2+（后两位数）

8 9 6　　16 + 96 = 1 1 2　　2 + 1 2 =14 →7的倍数
└ ×2=16　　　　　　　　└ ×2=2

▼

896 是 7 的倍数

7的倍数判定法（四位数和五位数的情况）

上面已经提到，三位数中，如果百位数字 ×2+ 后两位数的结果是 7 的倍数，那这个三位数就是 7 的倍数。

这种方法在四位数和五位数中同样可以使用。

四位数或五位数情况下，如果百位以上数字 ×2+ 后两位数的结果是 7 的倍数，那这个数就是 7 的倍数。

我们以四位数 2520 为例，继续运算。

$2520 \to 25 \times 2+20=70 \to 70$ 是 7 的倍数 → 2520 是 7 的倍数，$2520 \div 7=360$。

对于四位数以上的数字，我们继续运用这个方法。如果百位以上数字 ×2+ 后两位数的结果是 7 的倍数的话，那这个三位数以上的数字就是 7 的倍数。

例如：

$11963 \rightarrow 119 \times 2+63=301 \rightarrow 3 \times 2+1=7 \rightarrow$ 是 7 的 倍 数 $\rightarrow$ 11963 是 7 的倍数，$11963 \div 7=1709$。

◆ 7 的倍数判定法（四位数和五位数的情况）

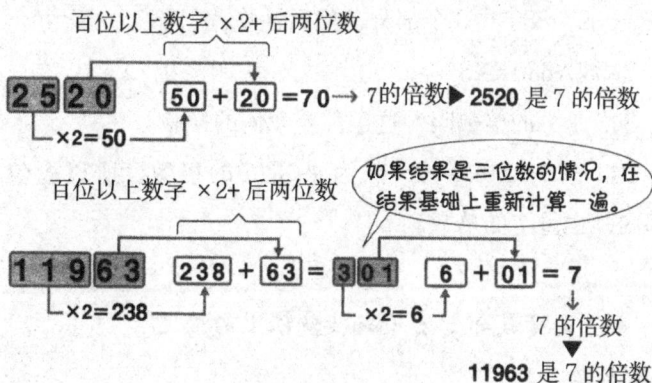

百位以上数字 ×2+ 后两位数

2520   50 + 20 = 70 → 7的倍数 ▶ 2520 是 7 的倍数
×2=50

百位以上数字 ×2+ 后两位数

如果结果是三位数的情况，在结果基础上重新计算一遍。

11963   238 + 63 = 301   6 + 01 = 7
×2=238   ×2=6

7 的倍数
▼
11963 是 7 的倍数

7 的倍数判定法（六位数以上的情况）

六位数以上数字中 7 的倍数的判定法是，将数字从个位起 3 个一组进行加减运算，如果最终结果为 7 的倍数，那原来的数字就是 7 的倍数。

那么，如何来界定每 3 个数字为一组进行加减运算，并确定该数字是不是 7 的倍数呢?

判定的方法和之前介绍的方法相同。如果百位以上数字 × 2+ 后两位数的结果是 7 的倍数，那这个数就是 7 的倍数。

我们来实际演算一下吧!

例如，以 186823 这个六位数为例。首先分为 186 和 823，186 为负数，与 823 相加，得出答案是 637。那么 637 是 7 的倍数吗？这需要我们的检验。

$637 \rightarrow 6 \times 2 + 37 = 49$。因为 49 是 7 的倍数，所以六位数 186823 是 7 的倍数。

接下来，我们挑战一下七位数 2539880。将这个数字分为 2、539、880 共 3 个部分，然后计算：

$2 - 539 + 880 = 343$

343 是 7 的倍数吗？这也需要我们的检验。

$343 \rightarrow 3 \times 2 + 43 = 49$。因为 49 是 7 的倍数，所以七位数 2539880 也是 7 的倍数。

◆ **7 的倍数判定法（六位数以上的情况）**

186823
$= -186 + 823 = $ 6̲3̲7̲ 1̲2̲ $+$ 3̲7̲ $= 49 \rightarrow$ 7 的倍数 $\rightarrow$ 637 是 7 的倍数
└ ×2=12 ┘
▼
186823 是 7 的倍数

2539880
$= 2 - 539 + 880 = $ 3̲4̲3̲ 6̲ $+$ 4̲3̲ $= 49 \rightarrow$ 7 的倍数 $\rightarrow$ 343 是 7 的倍数
└ ×2=6 ┘
▼
2539880 是 7 的倍数

6658425627
$= -6 + 658 - 425 + 627 = $ 8̲5̲4̲ 1̲6̲ $+$ 5̲4̲ $= 70 \rightarrow$ 7 的倍数
└ ×2=16 ┘
↓
854 是 7 的倍数
6658425627 是 7 的倍数

最后我们验证一下一个十位数 6658425627 的情况。该数划分为 6、658、425、627 这 4 组，进行加减运算：

-6+658-425+627=854

那么 854 是 7 的倍数吗？这需要我们的检验。

854 → 8×2+54=70 。因为 70 是 7 的倍数，所以十位数 6658425627 是 7 的倍数。

从以上可以得知，不论多么大的数字，最终都可以缩略为三位数，然后进行运算并展开倍数的判定。

一起来挑战倍数的谜题吧

到此，就给大家介绍完 2～10 的倍数判定法了。

话题虽然结束了，但是读者朋友们还可以自己去挑战一下，看看哪些数字是哪些数的倍数。

例如，对于下页图中超市中的广告传单和日历上的各种数字，我们也可以判定它们与其他数字之间的倍数关系。

你也可以随手找一个数字，用倍数判定法一试身手，如何？

第二部分

第二部分

数学充满了神秘与惊喜

◆随处可见的倍数判定

1 3 **8** ▶个位数是 2 的倍数 ▶138 是 2 的倍数

1 3 8 ▶各位数字之和 1+3+8=12 是 3 的倍数 ▶138 是 3 的倍数

1 3 8 ▶个位数是 2 的倍数、各位数字之和为 3 的倍数 ▶138 是 6 的倍数

2 0 **1 2** ▶后两位数 12 是 4 的倍数 ▶2012 是 4 的倍数

问题：请按照 2 ～ 10 的倍数判定法进行计算。

① 695 是 5 的倍数吗?

② 932 是 4 的倍数吗?

③ 801 是 3 的倍数吗?

④ 822 是 6 的倍数吗?

⑤ 873 是 9 的倍数吗?

⑥ 9184 是 8 的倍数吗?

⑦ 413 是 7 的倍数吗?

答案

① 若一个数为 5 的倍数，则其最后一位是 0 或者 5，所以 695 是 5 的倍数。

② 若一个数为 4 的倍数，则其最后两位是 4 的倍数，

932 的最后两位是 32，32 是 4 的倍数，所以 932 是 4 的倍数。

③ 若一个数为 3 的倍数，则其各位数字之和为 3 的倍数。801 各位数字之和为 "8+0+1=9"，9 是 3 的倍数，所以 801 是 3 的倍数。

④ 若一个数为 6 的倍数，则其个位是 2 的倍数或者各位数字之和是 3 的倍数。822 最后一位是 2，正好是 2 的倍数。另外，822 的各位数字之和为 "8+2+2=12"，12 是 3 的倍数，所以 822 是 6 的倍数。

⑤ 若一个数为 9 的倍数，则其各位数字之和是 9 的倍数。873 各位数字之和为 "8+7+3=18"，18 是 9 的倍数，所以 873 是 9 的倍数。

⑥ 对于四位数，若它为 8 的倍数，则其百位数的 4 倍与最后两位数的差为 8 的倍数。9184 是 8 的倍数，只关注最后三位数 184，计算如下："1×4=4"，与后两位数 84 的差为 "84−4=80"，因为 80 是 8 的倍数，所以 9184 是 8 的倍数。

⑦ 最好的例子是三位数中 7 的倍数。百位数的 2 倍与后两位数的和须为 7 的倍数，计算如下："4×2+13=21"，因为 21 是 7 的倍数，所以 413 是 7 的倍数。

读者朋友们，以后遇到数字的时候，你们是不是也会想到用倍数判定法来运算一番呢？

粗略概算提高工作效率

用学过的法则思考问题

相似法则与指数法则是我们在学校读书的时候学过的两个法则。接下来我们使用这两个法则挑战一下数学的谜题。

相似法则（相似原理）指的是"面积的平方与体积的三次方的比例"。

指数法则则指的是把指数的乘法当作加法、把除法当作减法进行运算的法则。

这两个法则都是非常便于应用的。

我们先来看一个相似法则的谜题。

> **问题：** 在公司的体检报告中，A 被医生告知过度肥胖。他的身高是 160 厘米，体重是 75 千克。而 A 就想，我要和同事 B 一样。同事 B 中等身高——175 厘米，体重是 70 千克。身形如同事 B 一般成了 A 的目标。那么问题来了，A 的实际体重为多少才合适呢？

要点提示

▶ 充分利用相似法则，选择体形和肌肉型体质相似的人。

▶ 体积比是身高比例的三次方。

理想的体形是寻找"相似的"

其实计算方法非常简单。但是有必要在计算之前做一些前期工作。体形有些过胖的 A 需要寻找一个理想的体形。

身体的均衡性问题十分复杂。例如，脸型的大小、肩宽、胳膊的长度、身长与腿长的比例等，很多问题点都必须纳入考察。因为 A 如果要减肥的话，必须要找一个身体比例与自己相当的、他想象中的体形的人来参照。这是十分重要的。

为了对两个人进行比较，有必要先计算身高比例，也就是说这两个人的身高比：

身高比例＝肩宽：侧身宽度

◆过度肥胖的 A（身高 160 厘米，体重 75 千克）

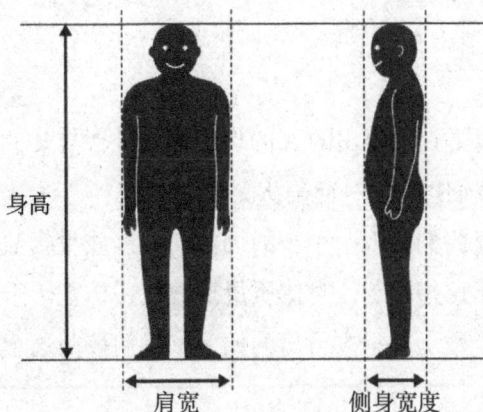

身高

肩宽　　　　　侧身宽度

在计算身高比例之前，还必须注意一个前提，那就是体重与体积的比例，即身体密度。简而言之，肌肉型体质的人比非肌肉型体质的人的身体密度要大。从这个意义上来讲，A还是应找一个和自己肌肉型体质相类似的人为目标来减肥。

到这里，已经提示大家注意两点：体形和肌肉型体质的情况，应该据此寻找理想的减肥目标。我们已经从相似比讲到体积比，接下来会告诉大家如何进行体重比的计算。

A觉得B的体形比较理想：身高175厘米，体重70千克。首先我们求导一下他们二人的身高比例，前后相除为：

$160 \div 175 \approx 0.914$

然后将这个结果进行三次方运算：

$0.914 \times 0.914 \times 0.914 = 0.764$

接下来计算身高160厘米的A与身高175厘米的B的相似体重，计算如下：

$75 \times 0.764 = 57.3$（千克）

根据以上计算得出的A的理想体重是否与B的实际体型相符呢？我们接下来一起确认。

在这里我们引入一个新的词汇"身体质量指数"，也叫作BMI（body指数）。身体质量指数是用体重（千克数）除以身高（米数）的平方得出的数字。我们按照这个方法计算一下吧！

B的实际BMI为：

$70 \div (1.75 \times 1.75) \approx 22.9$

而 A 的理想体形的 BMI 为：

$57.3 \div (1.6 \times 1.6) \approx 22.4$

据此我们可以发现，A 的理想体形的 BMI 与 B 的实际 BMI 值很近似。

关于减肥，有的人只注意体重，而只有当注意到与身高有关的身高比例和身体密度等个人的肌肉型体质情况的时候，我们才会拥有更加均衡和健康的身体。

这里帮助我们解决难题的是数学中的相似法则。

◆ BMI 的求导方法

> BMI=体重（千克）除以身高（米）的平方（千克／米²）

B 的 BMI 值
$= 70 \div (1.75 \times 1.75) \fallingdotseq 22.9$

A 的 BMI 值
（减肥前）$= 75 \div (1.6 \times 1.6) \fallingdotseq 29.3$
（减肥后）$= 57.3 \div (1.6 \times 1.6) \fallingdotseq 22.4$

BMI 值几乎相同

数学充满了神秘与惊喜

◆根据相似法则设定好减肥的目标

肥胖的 A   A 的理想体形：B

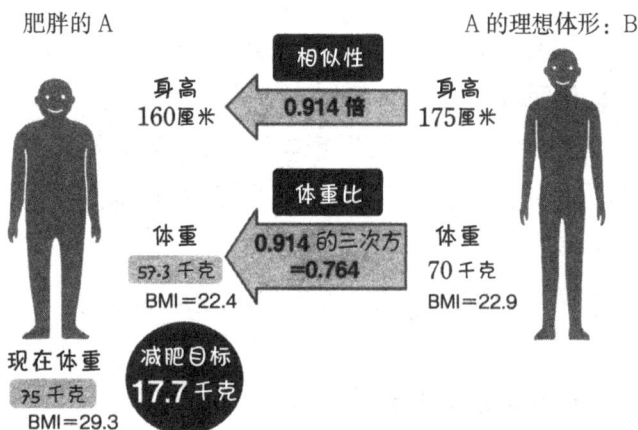

相似性

身高
160厘米   0.914 倍   身高
                              175厘米

体重比

体重   0.914 的三次方   体重
57.3 千克   =0.764   70 千克
BMI＝22.4   BMI＝22.9

现在体重   减肥目标
75 千克   17.7 千克
BMI＝29.3

接着我们来看指数法则的谜题。

问题：一个公司正在进行商务谈判。如果您是谈判代表，您会选择签订哪一个合同呢？要求是不能犹豫，立刻做出决断。下图的合同 A 和合同 B 哪一个毛利更大呢？请您迅速做出判定。

合同 A

原材料价格：67日元
销售价格：160日元
数量：9 亿个
成本率：80%

合同 B

原材料价格：890日元
销售价格：1980日元
数量：1100万个
成本率：50%

要点提示

▶ **如何算出正确数字？**

四舍五入、舍尾进一、降价

▶ **注意单位的词头！**

1 亿是 10 的 8 次方，即 1 亿在 "1" 后有 8 个 0

▶ **使用指数法则。**

让我们开始概算吧

我们分别计算一下这两个合同的毛利吧。毛利指的是从销售价格中减去进价费用再乘以商品数量，然后乘以（1- 成本率）的最后数目。

当然了，在商务谈判的时候，很难立刻就拿出电子计算器进行一番运算，看看哪一个的利润更大。在这个时候，如果能有什么秘诀可以帮助决断者进行快速判断就好了。这种方法就是我们下面要介绍的概算。

一起来看看概算的秘诀吧。

先来看看合同 A 的毛利。首先用销售价格减去成本价格，将 "160–67=93"，可看作 100，即用 10^2 来表示。数量 9 亿个，我们将其看作 10 亿个，即 "10×10^8"，"1- 成本比率" 为 "1–0.8"，即 0.2。

至此，指数法则登场。

根据概算来计算毛利润为：

$10^2 \times 10 \times 10^8 \times 0.2 = 10 \times 10^{2+8} \times 0.2 = 2 \times 10^{10}$（日元）

接下来计算合同 B 的毛利润。同样的，用销售价格减去成本价格，将"1980-890=1090"，可看作 1000，即用 10^3 来表示。数量 1100 万个，我们将其看作 0.1 亿个，即"0.1×10^8"，进一步运算"$0.1 \times 10^8 = 10^7$"，另外，"1-成本比率"为"1-0.5"，即 0.5。

根据概算来计算毛利润为：

$10^3 \times 10^7 \times 0.5 = 10^{3+7} \times 0.5 = 5 \times 10^9$（日元）

◆ **毛利润的求导方法**

毛利润 =（销售价格 - 成本价格）× 商品数量 ×（1- 成本比率）

◆ **指数法则**

$a > 0$、$b > 0$，m 和 n 为实数

$$a^m \times a^n = a^{m+n}$$

$$a^m \div a^n = a^{m-n}$$

$$(a^m)^n = a^{mn}$$

$$(ab)^m = a^m b^m$$

$$\left(\frac{a}{b}\right)^m = \frac{a^m}{b^m}$$

（a 和 b 为底数，m 和 n 为指数）

合同 A 和合同 B 的比较

合同 A 的指数部分是 10 而合同 B 的指数部分是 9。合同 A 的指数大一些,所以所得的数字会更大。据此,我们也可以做出判断,还是合同 A 的毛利润更大一些。

下面,我们将概算与准确计算的数字再比较一下。请看下面方框中的运算过程,就会发现大体的数字还是准确的。

◆ 概算与准确计算的比较

合同 A

$$（准确的计算）= (160 - 67) \times 900000000 \times (1 - 0.8)$$
$$= 93 \times 900000000 \times 0.2$$
$$= 16740000000 \quad （日元）$$
$$= 1.674 \times 10^{10} （日元）$$

几乎相同!

$$（概算）= 10^2 \times 10 \times 10^8 \times 0.2$$
$$= 10 \times 10^{2+8} \times 0.2$$
$$= 2 \times 10^{10} （日元）$$

合同 B

（准确的计算）= （1980 − 890）× 11000000 ×（1 − 0.5）

= 1090 × 11000000 × 0.5

= 5995000000 （日元）

= $5.995 × 10^9$（日元）

（概算）= $10^3 × 10^7$ × 0.5

= $0.5 × 10^{3+7}$

= $5 × 10^9$（日元）

几乎相同！

由上述内容可见，通过概算，可避免烦琐的数字运算，还有效使用了选取整数、词头的转换和指数的运用等方法。

即便是在日常的购物中我们也会考虑："都是买一斤，买哪一种更划算呢？"

请大家也试着运用一下概算吧！之后再来重新评价自己的购物经验。如果掌握了这一点，您的判断力会大大提升，肯定会成为学校、职场、家庭中深受信赖的人物呢！

第三部分

美得令人陶醉的数字

金字塔的运算妙不可言

数字 11~19 的平方运算

我们在小学的时候就学到的九九乘法口诀，它涉及的乘数的范围是数字 1~9。

其实，两位数的乘法计算才更为简单好学，当然要读者朋友们先掌握它的运算法则——这点您相信吗？

在这里，我就介绍一下迅速地计算出数字 11~19 的平方的方法，而且，计算过程中有很多好玩而有趣的环节呢！

金字塔计算法

我们用金字塔计算法来计算一下"11×11"。

关于金字塔计算法，请看下图的列举。我们只列举了以数字 1 为第 1 位数字的系列平方的计算方法。

◆数字 11~19 的平方运算

$$11 \times 11 = 121$$
$$12 \times 12 = 144$$
$$13 \times 13 = 169$$
$$14 \times 14 = 196$$
$$15 \times 15 = 225$$
$$16 \times 16 = 256$$
$$17 \times 17 = 289$$
$$18 \times 18 = 324$$
$$19 \times 19 = 361$$

◆金字塔运算

二次方的数字

1 行　　$1 \times 1 = 1$

2 行　　$11 \times 11 = 121$

3 行　　$111 \times 111 = 12321$

4 行　　$1111 \times 1111 = 1234321$

5 行　　$11111 \times 11111 = 123454321$

6 行　　$111111 \times 111111 = 12345654321$

7 行　　$1111111 \times 1111111 = 1234567654321$

8 行　　$11111111 \times 11111111 = 123456787654321$

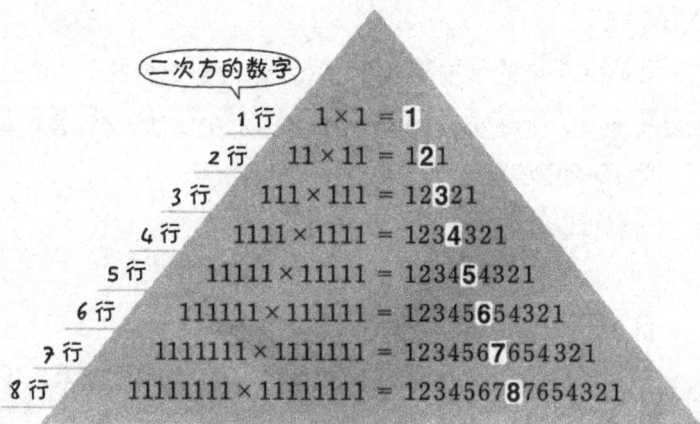

请大家再看一遍上面的图。

看着整齐的答案的同时，或许您也发现了一个现象呢！

确实，随着数字 1 的顺序往下，数字不断递增变大。当然，我们从下往上来看的时候，数字最后又变回了 1。这一数字构筑的图形，怎么看都像是一座妙不可言的建筑物呢！

相同十位数相乘的方法

数字11～19的平方运算都是十位数数字之间的乘法运算。

乘数和被乘数的个位数相乘的情况下，还分为有进位和无进位的两种情况，这需要分别说明，但是方法大同小异。

首先我们看一下无进位的情形，其中只有"12×12"和"13×13"符合要求。我们以"12×12"为例说明。

"12×12"两个乘数的个位数都是2，二者相乘，即"2×2=4"。

相乘结果中的十位或者百位（结果的前两位数），则是通过将一方的所有数字（12）和另一方的个位数（2）求和得出，即12+2=14。

所以可以知道，"12×12=144"。

接下来看一个有进位的例子："14×14"。

"14×14"两个乘数的个位数都是4，二者相乘，即"4×4=16"，16的个位数是6。

相乘结果中的十位或者百位（结果的前两位数），则是通过将一方的所有数字（14）和另一方的个位数（4）求和得出，即"14+4=18"。再加上个位数上的进位1，"18+1=19"。

所以可以知道，14×14=196。

当然了，这种方法对于15以后的数字就会显得比较麻烦，数字也有些庞大。那么还有没有更加简单的计算方法呢?

◆ **相同十位数(以上)的乘法(没有进位的情况)**

① 将两个个位数字相乘

$$1\,\boxed{2} \times 1\,\boxed{2} = \boxed{}\,\boxed{4}$$

$$2 \times 2 = \boxed{4}$$

② 一个数与另一个数的个位数字相加

$$\boxed{1\,2} \times \boxed{1\,2} = \boxed{1\,4}\,\boxed{4}$$

$$12 + 2 = \boxed{14}$$

◆ **相同十位数(以上)的乘法(有进位的情况)**

① 将两个个位数字相乘,确认进位

$$1\,\boxed{4} \times 1\,\boxed{4} = \boxed{}\,\boxed{6}$$

$$4 \times 4 = \boxed{1}\,6$$

有进位

② 一个数与另一个数的个位数字相加,并加上进位数字1

$$\boxed{1\,4} \times \boxed{1\,4} = \boxed{1\,9}\,\boxed{6}$$

$$18 + \boxed{1} = \boxed{19}$$

有进位

指数计算法

在数字超过了 15 的时候，给大家推荐一种不同于"相同十位数相乘的方法"的新方法。

"15×15"，十位数相同，个位数相加之和为 10。而到了"16×16"就可以使用指数计算法。

十位数相同，只是把个位数相乘的方法也是一种便捷的计算方法。使用指数计算法，首先把"十位数"与"比十位数大 1 的数"相乘，然后就得出一个百位数，甚至是千位数的答案。

◆十位数相同、个位数之和为 10 的十位数的乘法运算

相同的数

1 5 × 1 5

相加为 10

① 十位数的数字与比十位数大 1 的数字相乘

$\boxed{1}5 \times \boxed{1}5 = \boxed{2}$

$1 \times \boxed{2} = \boxed{2}$

1 与 2（比 1 大 1 的数字）相乘，可能会得出百位数甚至千位数

② 两个个位数相乘

$1\boxed{5} \times 1\boxed{5} = 2\ \boxed{25}$

$5 \times 5 = \boxed{25}$

个位数与个位数相乘，得出的是最终乘法结果的后两位数

除了"15×15"以外，"23×27""61×69"等也满足

十位数相同、个位数相加之和为 10 的条件，所以也可以运用这种法则进行计算。

我们运用"2 的 n 次方法则"来进行运算吧（请参考前面的指数法则）。

◆ 2 的乘方

2^0	1
2^1	2
2^2	4
2^3	8
2^4	16
2^5	32
2^6	64
2^7	128
2^8	256

如上表所示，16 是 2 的 4 次方，所以"16×16"可用下面的公式表示："$2^4 \times 2^4 = 2^{4+4} = 2^8$"，最后得出数字 256。

非常有趣的 4 倍法

剩下的 3 组数字的乘法"17×17""18×18""19×19"的演算方法更加有趣。

我们把这些数字的十位数和个位数分开来看一看。

◆将十位数与个位数分开来

$$17 \times 17 = \boxed{2\ 8}\ \boxed{9}$$

$$18 \times 18 = \boxed{3\ 2}\ \boxed{4}$$

$$19 \times 19 = \boxed{3\ 6}\ \boxed{1}$$

我们会发现，答案中的个位数都是前面数字 7、8、9 的平方结果 49、64、81 的个位数字 9、4、1。

接下来我们再来看看其他两位数字：28、32、36。

读者朋友们发现什么了吗？是的，28、32、36 这些数字分别是 7、8、9 的 4 倍。

这种计算方法叫作"4 倍法"。更有趣的是，一直到"23×23"为止，都可以进行没有进位的 4 倍法的演算。

就这样，我们很轻松地学会了 11～23 的乘方运算。

◆ 4 倍法

	百位、十位	个位
□○ × □○ =	(□ − 10) × 4	○ × ○

这里只演算数字 17~23 的乘法

17 × 17 = (17 − 10) × 4 **7 × 7 的个位数** = 28 | 9

18 × 18 = (18 − 10) × 4 **8 × 8 的个位数** = 32 | 4

19 × 19 = (19 − 10) × 4 **9 × 9 的个位数** = 36 | 1

20 × 20 = (20 − 10) × 4 **0 × 0 的个位数** = 40 | 0

21 × 21 = (21 − 10) × 4 **1 × 1 的个位数** = 44 | 1

22 × 22 = (22 − 10) × 4 **2 × 2 的个位数** = 48 | 4

23 × 23 = (23 − 10) × 4 **3 × 3 的个位数** = 52 | 9

计算的过程是非常奇妙的。可以说在 11 ~ 19 的平方的运算中，隐藏了这些有趣的计算方法。

我发现了计算方法！

微分求导中的"头文字 D"

《头文字 D》中不可思议的一致

《头文字 D》是由作家重野秀一创作的人气漫画书。

这是一部描写在高速公路上以最快的速度飙车的年轻人的作品。书的名字中有个字母 D，在这里 D 是 Drift 的简写，就是车迷们平时说的"甩尾""漂移"，我却一直认为 D 应该是 Driving（兜风）的英文首字母。

不管哪一种解释更准确，我都会不由自主地用微分将车与字母 D 联系到一起。

数学中的微分的英语单词是"differential"。

实际上，在车的内部也是有着微分的，那就是叫作"差速器齿轮"（differential gear）的装置。

从大型卡车的后面往前看，在后车轮轮胎传动轴位置的正中间，可以看到一个大型的圆形物体，这就是前面提及的差数齿轮，单词"differential"本身就有"差"的意思。

当车直行的时候，左右两边的轮胎按照相同的速度前进。这个时候没有旋转差数。

◆**差速器齿轮**

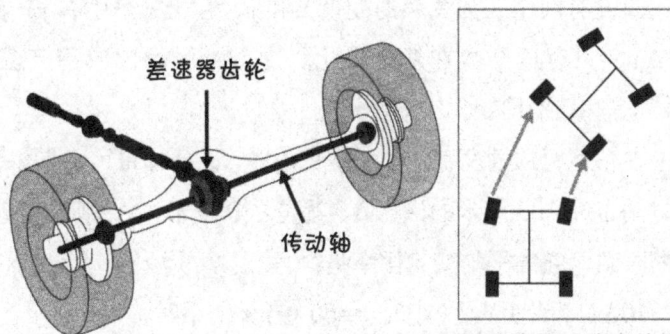

差速器齿轮

传动轴

内轮胎和外轮胎的旋转差

接下来我们考察一下车轮右转的情形。如上图所示，内轮胎和外轮胎之间产生了旋转差，如果左右两个轮胎还以相同的速度前行，在拐弯的时候就不能拐出曲线来了。这时就要靠差速器齿轮的旋转来配合抵消两个轮胎的旋转差。

英文"differential"有两个含义，常见的是"差"，数学上叫作"微分"。

为什么这个"差"就等于"微分"的意思呢？

答案我们可以从车上找到。漫画《头文字D》的主要主题是速度（speed），这正是这里要谈的微分。我们一起去找找答案吧！

微分与函数德尔塔（Δ）

在变化的常量中找到瞬间的单个变化量，这就是微分。在"瞬间"之间的考量是"变化量"，这用德尔塔（Δ）来表示。德尔塔的英文拼写是"delta"，这也是"头文字 D"呢。

假设有两个互为关系的变量 x 和 y，在 Δx 当中有 y，称作 Δy，只有这个数在发生变化。这个时候的比率是"$\Delta x/\Delta y$"，这是平均变化比率。

在车运行的情况下，如果 y 是位置，x 是时间。花费 2 小时时间走完 100 千米的话，Δy 就是 100 千米，Δx 则是 2 小时的时间。它的平均变化比率是：

100（千米）÷2（小时）=50（千米 / 小时）

这个数值无疑是车子运行的平均时速。

然后，当 x 的变化量 Δx 接近最小值 0 的时候，y 的变化量 Δy 也接近最小值 0。这个比率就是微分。

Δx 与 Δy 接近最小值的时候用 dx 和 dy 来表示，也就是说平均变化率 $\Delta y/\Delta x$ 的极限 dy/dx 也是微分。换言之，求导出来的 dy/dx 是用 x 来表示 y 的微分。瞬间的变化量也是微分。

◆微分的定义

$$f'(a) = \lim_{x \to a} \frac{f(x) - f(a)}{x - a}$$

变化量的差
变化量的差
微分函数

关于函数 $f(x)$，存在极限的时候，$f(x)$ 中 "$x=a$" 的微分情况也是可能出现的。如果把这个极限叫作 "$f'(a)$" 的话，$f(x)$ 就是 "$x=a$" 的微分函数。

上面例子中的车在行驶的情况下，与平均速度相对的瞬间速度也是微分。

测速表就是微分仪表

车的测速表体现了车每时每刻的运行速度，也体现了微分值的变化情况。可以这么说，汽车的测速表其实就是一个微分仪表。

在物理学中，位置与时间体现的微分是速度，而速度与时间表现的微分是加速度（acceleration）。

一踩油门，测速表的指针瞬时间向右摆动，这种情形是我们亲眼目睹到的加速度的产生，也就是我们亲眼目睹了速度的微分。

车以一定的速度行进的时候是不受力的。当速度的微分（加速度）为 0 的时候，车受到的力也是 0。但是，当踩下油门或者制动的时候，车就会感到力的发生。车的速度的微分（加速度）数值为正数的时候所产生的力为正向的力，反之则产生负向的力。

将所受的力与加速度的比例呈现给世人的是牛顿。顺便说一下，重力与物体的质量成正比例。这在物理学上叫作牛顿力学。

"差 = 微分" 之谜

当我们理解了速度是微分的时候，最后的谜题也迎刃而解。

那么为什么differential是差的同时也是微分呢？换言之，为什么差＝微分呢？

变化量 Δ 以及它的极限无限接近 0 的时候，我们就应该好好审视一下对应的 d。这是个变化量。变化量其实就是前面说到的差。

变化量 $\Delta=$ 后面的量 – 前面的量。

前后二者的差 d 无限接近 0。平均变化率也好，微分也好，都是这种差的具体体现。

我是在读小学的时候知道差速器齿轮的，那时候我十分痴迷无线电控制的实验。

说起无线电控制的车，因为要让车子提高速度，于是我想在模型车上安装与真车相同的差速器齿轮。当然我没能实现装真的差速器齿轮的愿望，无线电控制的车很快就让我放弃了这个想法。

用手来回摸一下无线电控制车的后车轮，还是能很明显感觉到两个车轮在旋转的时候 "差"的存在。早在还是一名学生的时候，我就隐约感觉，世界上有着叫作"差速器齿轮"的东西存在。

几年后，我读了高中，通过英语词典知道了 "differential" 除了 "差"的意思外，在数学中还有 "微分"的含义，这才明白这两个词之间存在着"差的联系"。

最后话题回到"头文字 D"上。

微分是用 x 和 y 表示的函数关系，有的时候也叫作"函数求导"。简言之，就是英语中的"derivative"（导数）。

　　将车与微分奇迹般地联系在一起的是字母 D。在我们所看不到的世界的某个角落，"头文字 D"正在操纵着我们的车和世界。

钢琴调音与收音机报时的共同点

音阶的原形是频率

4月4日是钢琴调音日。

那么，4月4日与钢琴调音日有什么关系呢？

表示音阶（指声音高低的排列）的"do、re、mi、fa、so、la、si、do"是按照一定的规则被确定下来的音律。决定音程的规则是，如果把一个音律确定为"do"，那么其他的声音就按顺序确定为其他的音律（例如"so"）。

就这样，从"do"到下一个"do"的出现，所有的音律都被确定下来。在这个时候，就出现了音阶。

通常用频率来区分音律"do"和音律"so"。声音是通过在空气中的振动传播的，这就是所谓的"音波"，如在山谷中传播的回声那样反复传播，形成波浪状。将经过一个波峰和一个波谷的时间称为一个周期。

另外，将1秒当中产生的几个波称为"频率"。如果说频率高的话，即在1秒当中，有很多的音波被传递，因此发出的声音就高。

◆ 声音的频率之比较

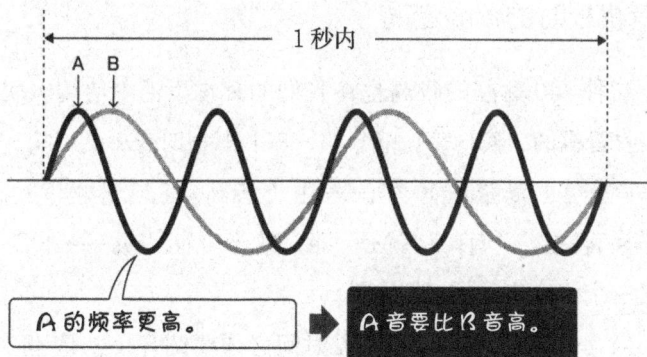

1秒内

A B

A 的频率更高。 ➡ A 音要比 B 音高。

频率的单位是赫兹（Hz）。国际标准协会于 1939 年在一次国际会议上决定：用频率为 440 赫兹的音高来作为标准音高，即小写一组的 A（a 1 = 440Hz）。这个音高被称为"第一国际音高"。

这里所说的"440 赫兹的音高"指的是在 1 秒时间内振动波为 440 个的音波。

◆ 音阶（音高）与频率的关系

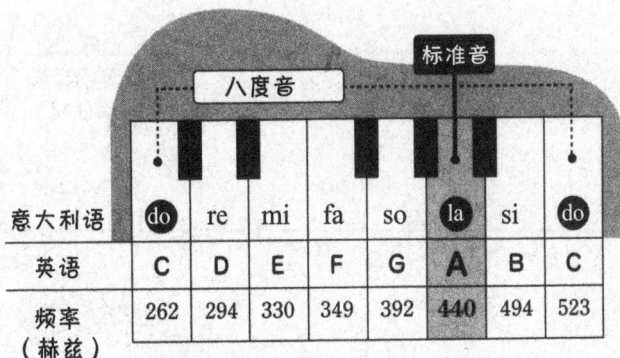

标准音

八度音

意大利语	do	re	mi	fa	so	la	si	do
英语	C	D	E	F	G	A	B	C
频率（赫兹）	262	294	330	349	392	440	494	523

收音机报时的标准音高

这种 440 赫兹的音高也在我们的日常生活中使用。实际上，收音机的"嘀！嘀！嘀！叽——！"报时音中的"嘀！"音高就是 440 赫兹，而"叽——！"音高是 880 赫兹。

换言之，"嘀！"就是"la"的音，而"叽——！"是超出一个八度音的"la"的音。

因为钢琴的声音每隔一段时间必须要调音，于是 440 赫兹的音高的"la"（A）音就成为标准音，然后再调整其他音高。

在演奏美妙音乐的时候，最重要的是不要出现不和谐的杂音。音乐的世界与数学的世界貌似毫不相干，但是在音乐的世界里，数学却起到了重要的作用。

"4 月"的英文是"April"，而 A 音正好又是钢琴 440 赫兹的音高，这二者之间不谋而合。这么一想，数字 440 仿佛都律动起来了呢！

4月4日
是钢琴调
音日呢！

不可思议的自然常数 e

十进制与二进制

在我们小的时候，每个人都有这样的经历，那就是掰着手指头数数。

0、1、2、3、4、5、6、7、8、9…接下来数字变为十位数。就这样不断增加：1、10、100、1000、10000…位数不断增加着。

例如数字 1234，它意味着其中有 4 个 1、3 个 10、2 个 100 和 1 个 1000。而决定这些数字数法的是十进制。因为我们人类有 10 根手指头，所以我们就想出来数字递增以 10 为基本单位。

但是，人类的计算能力是没有极限的。我们也可以借助计算器或者计算机进行数字的各种计算。

那么，计算机是如何计算数字的呢？当然了，计算机和人类不一样，没有 10 根指头，计算机自然就不能也用十进制进行运算了。

计算机只使用 0 和 1 两个数字，这就是我们常听到的二进制。

在计算机的世界里，数字只有 0 和 1，所以它们之后不会出现有 2 的情况。如果数字增加，就成为 10，10 的下一位是 11。接下来数位会发生变化，成为三位数，增大为 100。

我们试着用二进制数一下数字吧。1、10、11、100、

101、110、111，然后是 1000。这里的 1000 与十进制中的 1000 并不相同，这一点大家要注意到。

◆ 十进制与二进制的比较

十进制	二进制
0	0
1	1
2	10
3	11
4	100
5	101
6	110
7	111
8	1000
9	1001
10	1010

1000是二进制中的第8个数字,也就等于是十进制中的8。对照一下上表就很容易理解了。

二进制的 1111 是什么?

那么，二进制中的 1111 对应的是十进制中的哪一个数字呢？当然了，如果按照数字的顺序逐一对应会特别麻烦，甚至产生混乱。

接下来给大家介绍一种简单的查对方法。

十进制的数位依次是个位、十位、百位、千位。

与此相对，二进制的数位则是个位是 1、十位是 2、百位是 4、千位是 8。

也就是说，数字 1111 的数位是一个千位数（8）、一个百位数（4）、一个十位数（2）和一个个位数（1）。将以上数字顺次进行相加："8+4+1+1=15"，所以说，二进制中的数字 1111 表示的是十进制中的数字 15。

◆ **二进制位数的判定方法**

十进制	二进制
1 2 3 4	1 0 1 1

十进制	二进制
1×1000	1×8
2×100	0×4
3×10	1×2
$+ \quad 4 \times 1$	$+ \quad 1 \times 1$
1234	11

当位数上的数字发生变化的时候，相加的数字则也要发生相应的变化。刚开始使用时大家肯定都会觉得颇有违和感吧！

为什么计算机使用二进制？

那么问大家一个问题，为什么计算机使用二进制呢？也就是说，为什么计算机只有"两根手指头"呢？

这是我们这些有着 10 根指头的人类所无法想象的。这个问题必须从数数的方式来看待。

例如，一根指头是无法满足数数的要求的。那么我们是否可以就此判断指头越多，数数就会越方便呢？

为了使数数的结果更加准确，我们应该选择合适的指

头数。

请看下面方框中的内容。

◆证明 x 进制是最适合的计数方法

用 x 进制来表示数字的时候，假设有必要将 x 进制数字中个位的数字表示为 x，那么第 n 位的数字就应该用存储单元 N 来表示，写作

$$N = nx$$

如果说，第 n 位数用 x 进制来表示，第 1 位的数字表示为 n 的话，那么第 n 位数则表示为 x^n，从中可以得出信息量数 I。

$$I = x^n \Leftrightarrow n = \log_x I = \frac{\ln I}{\ln x}$$

因此，在表示第 n 行数字的情况下，它的存储单元数字 N 可以用信息量数 I 表示为：

$$N = nx = \frac{\ln I}{\ln x} x = \ln I \times \frac{x}{\ln x}$$

假设信息量数 I 恒定（I 为不变量），要求导出存储单元数字 N 最小时数字 x 的数值，可以用 x 来对 N 进行微分计算。

$$\frac{\mathrm{d}N}{\mathrm{d}x} = \ln I \times \frac{\mathrm{d}}{\mathrm{d}x} \cdot \frac{x}{\ln x}$$

$$= \ln I \times \frac{x'\ln x - (\ln x)'}{(\ln x)^2}$$

$$= \ln I \times \frac{\ln x - x \cdot \frac{1}{x}}{(\ln x)^2}$$

$$= \ln I \times \frac{\ln x - 1}{(\ln x)^2}$$

当结果为 0 的情况下：

$$\ln x - 1 = 0 \Leftrightarrow x = \mathrm{e} = 2.718\cdots$$

"$\mathrm{d}N/\mathrm{d}x$" 符号从负号变为正号，用自然常数 e 来表示的存储单元数字 N 则变为最小。这充分说明，数字的表示方法用自然常数 $\mathrm{e}[\log_e(x) = \ln(x)]$ 最为便捷可行。

我们假设指头的数字为 x，为了最恰当地表示一个信息

量——也就是说"不多做无用功（经济实惠地）"，计算求导出数字 x。

结果呢，出现了一个让人感到有趣的纳皮尔自然常数 e。

因为自然常数 e $\approx$ 2.718，选取整数就会发现三进制最为合适，其次的选择才是二进制或者四进制。

但是，计算机却使用了二进制运算法则。为什么没有采用最合适的三进制呢？

最大的原因是计算机的制造材料。现实中的计算机的"手指"多采用一种叫作"硅"（silicon）的半导体材料制成，半导体是一种介于导体和绝缘体之间的物质。半导体是否可以导电的两种可能性正好能由二进制来表示。

当然也存在具有半导体性质的其他材料，那么为什么单单选择硅呢？这是因为硅的最大优点是更易于加工和高度提纯。

这样，计算机的计数方法采用二进制的理由就是它经济方便。

纳皮尔与计算机

人类自古就有用机器代替手工计算的想法。苏格兰的数学家约翰·纳皮尔就发明了一款叫作"纳皮尔计算棒"的计算模具。

纳皮尔计算棒的结构是数根印有九九乘法口诀的计算棒，这样就能很轻松地进行大的数字的乘法运算了。

第三部分

美得令人陶醉的数字

约翰·纳皮尔（1550—1617）
数学家、物理学家、天文学家

发明了纳皮尔计算棒后，纳皮尔又花费 20 年的时间发明了对数。对数指的是把乘法当作加法运算，把除法当作减法来运算。得益于纳皮尔对数的发明，随后的天文学中的运算就变得非常方便了。这可以说是帮了很多天文学家和数学家的大忙。在前面讲到的 x 进制数的求导计算中，对数也起到了非常重要的作用。

或许就在那个时候，纳皮尔在自己发明了对数的同时，就提出了叫作"自然常数"的 e 的概念吧！

还有，如果纳皮尔知道自己发明的自然常数 e 在数百年以后，被广泛运用在人类的计算机当中，他惊喜的同时肯定也会很欣慰吧！

不仅是在数学的世界，在我们生存的宇宙当中，一个问题的发现，必然也同时解答了另外一个问题，这真是不可思议的现象。

读者朋友们所使用的计算机中，也隐藏着这样神秘的数字呢！

数学的奇妙终于被我们发现了！

素数的奇幻异度

令人眼花缭乱的素数

所谓"素数"，顾名思义即最根本的、最基础的、最本质的数字。

素数是令人眼花缭乱的存在，其结果是各种迷惑和秘密被隐藏在不为人知的他处。但是一旦我们走进"他处"，展现在我们眼前的将是一个崭新的世界。

素数研究引导了初级的研究，将数学研究推向更为缜密和更高级的阶段。素数不仅在数学研究中地位颇高，在我们的日常生活中也起到了重要的支撑作用。

风靡数学领域好几个世纪的素数中也有着格外独特的素数序列，接下来扼要介绍。

亟待解决的孪生素数

素数也有一些迄今没有解开的谜题，其中最有名的大概当属"孪生素数猜想"。孪生素数指的是差数为 2 的素数序列，1916 年由斯特凯尔命名。最早被发现的孪生素数是（3，5）、（5，7）、（11，13）、（17，19）。素数序列是无限的，但是迄今还没有找到相关佐证。

| 美得令人陶醉的数字 |

孪生素数的倒数之和为 1.902160583104⋯，这是怎么一回事呢？

请参考以下框图。

◆ 孪生素数猜想

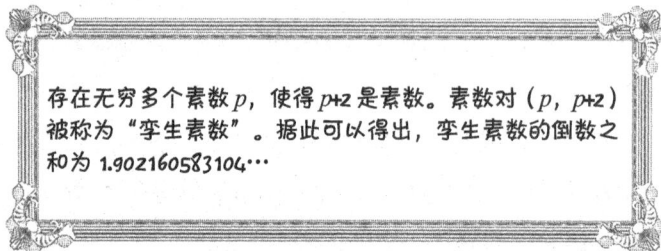

存在无穷多个素数 p，使得 $p+2$ 是素数。素数对（p, $p+2$）被称为"孪生素数"。据此可以得出，孪生素数的倒数之和为 1.902160583104⋯

◆ 孪生素数的前 10 位

顺序	素数	位数	发现年份
1	$3756801695685 \times 2^{666669} \pm 1$	200700	2011
2	$65516468355 \times 2^{333333} \pm 1$	100355	2009
3	$2003663613 \times 2^{195000} \pm 1$	58711	2007
4	$194772106074315 \times 2^{171960} \pm 1$	51780	2007
5	$100314512544015 \times 2^{171960} \pm 1$	51780	2006
6	$16869987339975 \times 2^{171960} \pm 1$	51779	2005
7	$33218925 \times 2^{169690} \pm 1$	51090	2002
8	$22835841624 \times 7^{54321} \pm 1$	45917	2010
9	$1679081223 \times 2^{151618} \pm 1$	45651	2012
10	$84966861 \times 2^{140219} \pm 1$	42219	2012

挪威的数学家维果·布朗证明出了孪生素数的倒数之和这个变量最后接近的确定值。这个数叫作"布朗常数"。

如果无法算出孪生素数的倒数之和的确定值，而无限大增长的话，那么孪生素数也将变得无限大。

但是事实并非如此。

布朗证明出孪生素数的倒数之和可以接近一个确定值，那个数字就是 1.902160583104…

◆ **布朗常数**

$$\left(\frac{1}{3}+\frac{1}{5}\right)+\left(\frac{1}{5}+\frac{1}{7}\right)+\left(\frac{1}{11}+\frac{1}{13}\right)+\left(\frac{1}{17}+\frac{1}{19}\right)+\left(\frac{1}{29}+\frac{1}{31}\right)+\cdots$$

$$= 1.902160583104\cdots$$

布朗常数给我们解答了孪生素数的倒数之和究竟是有确定值还是没有确定值的问题，但是孪生素数猜想迄今仍有很多谜团尚未解开。

表兄弟素数与斯克斯素数

表兄弟素数（cousin primes）是两个差为4的素数，按照从小到大的顺序排列，即（3，7）、（7，11）、（13，17）、

（19，23）、（37，41）、（43，47）、（67，71）、
（79，83）、（97，101）…

接下来，还有一个名字更有趣的素数，叫作"六素数"。拉丁语中的6写作"sex"，于是六素数的英文是"sexy primes"。

两个差为6的素数（即六素数），其概念类似孪生素数（两素数的差为2）。

六素数按照从小到大的顺序排列，即（5，11）、
（7，13）、（11，17）、（13，19）、（17，23）、
（23，29）、（31，37）、（37，43）、（41，47）、
（47，53）、（53，59）、（61，67）、（67，73）、
（73，79）、（83，89）、（97，103）…

2009年，数学家发现了第11593位六素数序列。

另外，把差为6的3组素数序列（p，$p+6$，$p+12$）叫作"三胞胎六素数"（sexy primes triplets）。

三胞胎六素数按照从小到大的顺序排列，即（7，13，19）、
（17，23，29）、（31，37，43）、（47，53，59）、
（67，73，79）、（97，103，109）…

但是，三胞胎六素数的"$p+12$"之后不能继续有"$p+18$"的情况。如果"$p+18$"的素数加进来之后就成了4组序列的素数，即（p，$p+6$，$p+12$，$p+18$），它的名称是"四胞胎六素数"（sexy primes quadruplets）。

　　四胞胎六素数按照从小到大的顺序排列，即（5，11，17，23）、（11，17，23，29）、（41，47，53，59）、（61，67，73，79）…

　　因此，我们也可以推断出 5 个素数的组合：（p，$p+6$，$p+12$，$p+18$，$p+24$），它的名称是"五胞胎六素数"（sexy primes quintuplets），但是只存在一组序列，即（5，11，17，23，29）。

　　就这样，在克服了各种素数世界中的困难后，人类果敢地继续前进，逐渐揭开了素数的面纱，那些被命名的素数也逐渐为我们所熟知。

　　或许，还有很多没有被发现的素数规则仍继续横亘在未知的世界当中，素数在数字的奇幻异度中一边嬉戏，一边翘首企盼着被我们人类发现。对此，我也是深信不疑的。

后 记

读完这本书，大家感觉如何呢？

作为《有趣得让人睡不着的数学》《有趣得让人睡不着的数学2》《超有趣的让人睡不着的数学》的姊妹篇，本书是我所著的此系列中的第4本。

我通过这本书最想传达给读者的信息是：在这个世界上，数学无处不在。

数学——

每个人对这个词的感受肯定也是各不相同。有的人不擅长数学，单单是听到"数学"两个字就捂着耳朵感到头疼，甚至赶紧把视线转移开去的读者肯定也不少吧？我觉得这实在是大可不必。

为了实现人与人之间的对话，人类创造了语言。在我看来，正是这些语言，才使得我们彼此间的意思得以传达，进而互通有无。

当然了，不同的国度和地域之间的语言存在着千万种差异，语言也有自身所无法表达的极限。这就是所谓的"语言的壁垒"吧！

但是，数学可以说是超越了各种语言间这一局限的存在。

在我们交流之时，数字如影随形。很有意思的是，例如"1"这个数字，和"点"（·）一样，即便是出现在我们的面前，我们也无法捕捉到它们。

我花费了很多的时间，在周遭看得到的事物的背后，抽丝剥茧地发现了诸多抽象世界中的数字和图形的奥秘。

随后，我又发现我们肉眼所看不到的数字和图形之间隐藏着更深入的丝缕联系，那就是数学。数学这把金钥匙逐渐打开了比我们肉眼所看到的更真实的世界。

如果说，我们现代人类的生活正是由数学所维系的，这句话一点也不言过其实。本书在很多地方也反复论证了现代数学是如何构筑今日的计算机和互联网的世界的。

除此之外，还有：

物理学中的宇宙与微观世界

工业中高精确度的商品制造

经济学中的市场……

哪一个都是需要人类全力探索的领域。然而，必须提及的是，数学正是我们将以上所有纳入囊中的必备法宝。

"世界是由数学构筑而成的。"

这意味着，作为这个世界的一部分的我们人类也是"数学的存在"，人类也是由数学构筑而成的。数学教科书中的内容晦涩难懂，很多人因此十分厌恶这个学科，这多少令人感到遗憾!

作为被人类赋予了特权的数学,它让我们感受到有趣和魅力无限的同时,也带给我们很多的欢欣和感动。

倘若数学有朝一日在我们的身边隐而不见,那时候我们肯定会转而殷切地期待它的再度出现吧!

现在是学习数学最好的时代。因为我们的前辈做出了很多的积累,受益于这些煌煌成果,我们才得以"弱水三千只取一瓢饮",感受到看不见的数学世界。

不急躁,不慌张,也不放弃。我始终坚信,只要能为读者打开数学之门,那么大家都将在某一时刻与数学不期而遇。

倘若本书为之能起到些许绵薄之力,著者将感到最大的欣慰。

计算好比旅行,

在等号的轨道上,算式的列车奔驰向前。

旅人心中满怀梦想,

追求浪漫无尽的计算旅程,

为寻找不曾相识的风景,今天再度启程。

樱井进

2012 年 7 月

参 考 文 献

[1] 青木和彦 . 岩波数学入门词典 [M]. 日本：岩波书店 .

[2] 日本数学会 . 岩波数学辞典 [M]. 日本：岩波书店 .

[3] 克洛德·E. 夏浓，瓦伦·韦伯 . 通信的数学理论 [M]. 日本：筑摩学艺文库 .

[4] 维尔琴科 . 数学名言集 [M]. 日本：大竹出版 .

[5] B.C. 巴顿，R.A. 拉金 . 拉马努金书简集 [M]. 日本：Springer Verlag 东京分社 .

[6] 根上生也 . 想教给大家的数学 [M]. 日本：软银出版株式会社 .

[7] 平山缔 . 和算的历史 [M]. 日本：筑摩学艺文库 .